Rで学ぶ
確率・統計

辻谷將明・和田武夫 著

共立出版

まえがき

　確率・統計学は，自然科学，経済学，社会科学など広い分野で応用され，その有用性が実証されてきた．現在の情報化時代において，統計学の必要性はますます増大している．確率・統計学を学ぶにあたり，各自が例題を手計算する必要はあるが，複雑な計算を行うにはソフトウエアの利用が必須となっている．専用のソフトは高価であり，個人で保有し使用することは困難であったが，近年，フリーソフトRが無償で利用できるようになり，インターネットで入手すれば統計解析やグラフィックスの活用が手軽にできるようになった．

　本書は，1998年に共立出版より刊行した『パワーアップ確率・統計』を基に内容を充実させ，さらにRを用いて，確率・統計学を楽しく学べ，データ解析ができるように考慮し，執筆したものである．一般の大学生を主な対象として書かれているが，実践的な例題を多く載せるように心がけ，社会で活躍している実務家や技術者にも統計学の基礎を自習しながら，実用できるように配慮した．

　本書の構成は次のようになっている．第1章では，データの概要を把握するために必要なグラフ化や要約統計量について述べ，第2章では，母集団と標本，確率，確率変数，代表的な確率分布などの確率論の基礎について説明した．第3章では，統計的推測において数理統計学の中心となる推定と検定について解説し，第4章で1つの母集団の母分散と母平均の推定と検定，2つの母集団の母分散および母平均の比較について述べた．第5章では，3つ以上の母平均の差について調べる分散分析として，1元配置法と多重比較，2元配置法および要因配置におけるブロック計画（乱塊法）について詳述した．第6章では，変数間の関係を検討する相関分析と回帰分析について説明

した．第4章から第6章までは，正規母集団を対象として，連続的な数値をとる計量値を取り上げてきたが，第7章では，不良品の個数などの計数値の扱いについて，不良率や分割表によるデータの解析法，ロジスティック回帰分析などを解説した．

Rを初めて使う人のために，入手方法と簡単な使用方法を"Rの使い方入門"として巻末に付した．また，Rを理解し応用できるように，すべての例題についてRプログラム（コマンド）と解答になるべく多くのコメントをつけた．統計学の基礎的部分をできるだけわかりやすく簡潔に書くように努め，応用としては実践的な例題を多く取り入れるように意図した．また，読者は出版社のWebサイト (http://www.kyoritsu-pub.co.jp/service/service.html#9784320110250) からプログラムをダウンロードして実体験できる．本書が，読者の確率・統計学の理解と活用に役立だてば幸いである．

最後に，データマイニング手法やRプログラムの開発などでご教示を賜った同志社大学の金 明哲先生，農業・食品産業技術総合研究機構中央農業総合研究センター 竹澤邦夫先生，イーピーエス(株) 田中祐輔氏に心から感謝を申し上げたい．また，本書の出版にあたり，お世話になった共立出版の横田穂波氏に感謝の気持ちを表したい．

2012年9月

辻谷將明・和田武夫

目　次

1　データのまとめ方　　1
　1.1　度数分布表とヒストグラム 1
　1.2　データの要約 4
　1.3　箱ひげ図 6
　1.4　散布図と相関係数 7

2　データの分布　　11
　2.1　母集団と標本 11
　2.2　確率と確率変数 12
　2.3　期待値と分散 18
　2.4　確率分布 21
　2.5　多変数の確率分布 33
　2.6　標本平均の確率分布 37

3　統計的推測（推定・検定）　　40
　3.1　推　定 40
　3.2　検　定 48

4　正規母集団に関する推測　　51
　4.1　1つの母分散の推定と検定 51
　4.2　1つの母平均の推定と検定 57
　4.3　2つの母分散の比の検定（等分散性の検定） 62
　4.4　2つの母平均の差の検定 66
　4.5　尤度比検定 75

5 分散分析 79
- 5.1 要因実験と分散分析 ... 79
- 5.2 1元配置 ... 80
- 5.3 2元配置 ... 93
- 5.4 乱塊法（ブロック計画）... 106

6 回帰分析 116
- 6.1 相関分析 ... 116
- 6.2 単回帰分析 ... 122
- 6.3 重回帰分析 ... 136

7 計数値に関する推測 157
- 7.1 母不良率の検定と推定 ... 157
- 7.2 適合度検定 ... 164
- 7.3 分割表の解析 ... 166
- 7.4 ロジスティック回帰分析 ... 179

付録 R の使い方入門 193
- 1 R の入手 ... 193
  - 1.1 インストール ... 193
  - 1.2 パッケージの追加（アドオンパッケージ）... 194
- 2 R の基本 ... 194
  - 2.1 R の基本操作 ... 194
  - 2.2 基本演算 ... 195
  - 2.3 データ入力 ... 196
  - 2.4 数値表について ... 198
  - 2.5 基本統計量に関する関数 ... 199

参考文献 201

索引 202

第1章

データのまとめ方

　本章では，実験や調査で得られるデータのまとめ方について説明する．多数のデータの全体像を知るには，ヒストグラムを描く，あるいはいくつかの指標に要約することが多い．ここでは，これらの処理方法について述べる．データには，体重，身長のように連続的な数値をとる**計量値**（**連続型**）と，不良品の個数や故障回数のような離散的な値をとる**計数値**（**離散型**）とがある．

1.1 度数分布表とヒストグラム

　データの分布状態を知るには，数多くのデータをその値の大きさに従っていくつかの**階級** (class) に分ける．そして，おのおのの級に含まれているデータの個数を記録した**度数表** (frequency table) を作成する．その度数表を表現した図が **ヒストグラム** (histogram) になる．ヒストグラムは，計量，計数データのいずれについても作成できる．

例題 1.1　表 1.1 のデータは，中学生 50 名の数学の点数である．このデータについて，度数分布表とヒストグラムを書け．
【解答】　次の手順をふむ．
　手順 1　$n=50$ 個のデータ $x_1, x_2, \ldots, x_{50}$ について（実際には，$n \geq 50$ が望ましい），その最大値 $x_{\max}=93$，最小値 $x_{\min}=21$ を得る．

表 1.1 数学の点数

72	45	56	34	78	54	92	55	38	71
32	62	67	45	36	69	90	56	46	63
55	72	53	59	68	93	69	66	41	85
57	64	69	67	81	51	46	76	88	67
45	54	56	42	26	53	74	77	73	21

<u>手順2</u> 階級の個数 k を $k \cong \sqrt{n}$ に近い整数値とすると，$k = 7 \cong \sqrt{50}$ となる．

<u>手順3</u> 階級の幅 h を

$$h = \frac{x_{\max} - x_{\min}}{k} \tag{1.1}$$

に近い，測定単位 u（表 1.1 の場合，$u = 1$）[注 1.1] の整数倍の使いやすい値にとる．$h = (93 - 21)/7 = 10.29 \cong 10$（測定単位が 1 であるから 10 に丸める）となる．

<u>手順4</u> 階級の境界値を決定する．$x_{\min}$ の属する階級を $(a_0, a_0 + h)$ とする．ただし，$a_0 = x_{\min} - u/2$ である．そして，$x_{\max}$ が含まれるまで順次，境界値を $a_0, a_0 + h, a_0 + 2h, \ldots$ とする．$x_{\min} = 21, u = 1$ であるから，$a_0 = 21 - 0.5 = 20.5$ を得る．境界値は $20.5, 20.5 + 10, 20.5 + 20, \ldots$ となる．

<u>手順5</u> 階級の中心値を小さいほうから，$a_0 + \frac{1}{2}h, a_0 + \frac{3}{2}h, a_0 + \frac{5}{2}h, \ldots$ とすると，$20.5 + \frac{1}{2} \times 10, 20.5 + \frac{3}{2} \times 10, 20.5 + \frac{5}{2} \times 10, \ldots$ を得る．

<u>手順6</u> 各階級に入るデータの個数をチェックし，数え上げる（表 1.2）．

データ数が多くなると，上記のようにまとめるには手数がかかるので R を活用するとよい．

[注 1.1] 体重のように計量で 56.1kg, 65.9kg, ... と測定値が得られているなら $u = 0.1$ となる．試験の点数のように 10 点, 20 点, ... なら $u = 1$ である．

1.1 度数分布表とヒストグラム

表 1.2 数学の点数の度数分布表

階級	中心値	チェック	度数
20.5〜 30.5	25.5	//	2
30.5〜 40.5	35.5	////	4
40.5〜 50.5	45.5	//// //	7
50.5〜 60.5	55.5	//// //// //	12
60.5〜 70.5	65.5	//// //// /	11
70.5〜 80.5	75.5	//// ///	8
80.5〜 90.5	85.5	////	4
90.5〜100.5	95.5	//	2

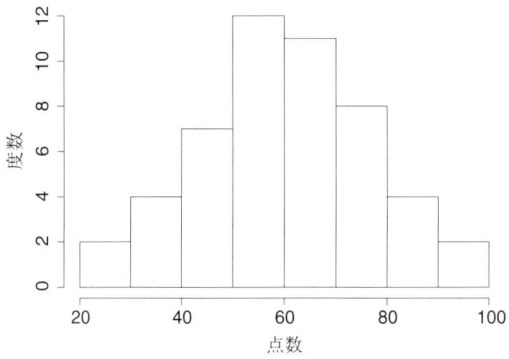

図 1.1 ヒストグラム

R プログラム

```
# 図1.1 ヒストグラム
>x<-c(72,45,56,34,78,54,92,55,38,71,32,62,67,45,36,69,90,56,46,63,55,72,
53,59,68,93,69,66,41,85,57,64,69,67,81,51,46,76,88,67,45,54,56,42,26,53,
74,77,73,21)
>hist(x,breaks=seq(20,100,10),ylab="度 数",xlab="点 数")
# breaks=seq 階級が20から100まで10刻み
```

を採用すると図 1.1 が得られる.

1.2 データの要約

n 個のデータ $x_1, x_2, \ldots, x_n$ が得られたとき,度数分布表やヒストグラムから全体の概略を知ることができた.次に,データの分布状態を要約し,表現するいくつかの代表的な指標を取り上げる.

(1) 中心位置を示す指標

① 平均 (mean):$\bar{x}$

$$\bar{x} = \frac{x_1 + x_2 + \cdots + x_n}{n} = \frac{1}{n}\sum_{i=1}^{n} x_i \tag{1.2}$$

② 中央値 (median):$\tilde{x}$

n 個のデータを小さい順に並べたとき,

$$\tilde{x} = \begin{cases} 中央に位置する値:n が奇数のとき \\ 中央に位置する2つのデータの平均:n が偶数のとき \end{cases} \tag{1.3}$$

(2) バラツキを示す指標

① 平方和 (sum of squares):S

$$S = \sum_{i=1}^{n}(x_i - \bar{x})^2 = \sum_{i=1}^{n} x_i^2 - \frac{\left(\sum_{i=1}^{n} x_i\right)^2}{n} \tag{1.4}$$

② 不偏分散 (unbiased variance):V

$$V = S/(n-1) = \sum_{i=1}^{n}(x_i - \bar{x})^2 \Big/ (n-1) \tag{1.5}$$

③ 標準偏差 (standard deviation):$S.D.$ [注1.2]

$$S.D. = \sqrt{V} \tag{1.6}$$

[注 1.2] 不偏分散は,データの測定単位の 2 乗になっている.標準偏差は不偏分散の平方根をとっているので,単位は測定単位と同じになる.

④ 範囲 (range)：R

$$R = x_{\max} - x_{\min} \tag{1.7}$$

⑤ 四分位偏差 (quantile deviation)：$Q.D.$

$$Q.D. = \frac{Q_3 - Q_1}{2} \tag{1.8}$$

小さい順に並べた n 個のデータを 4 等分したとき，ちょうど境になる値を小さいほうから順に**四分位値** Q_1，Q_2 および Q_3 と呼ぶ．Q_2 が中央値になる．データの中の極端に離れた値を**外れ値** (outlier) という．平方和，不偏分散，標準偏差，範囲などの代表値は，外れ値の影響を受けるが，四分位偏差はほとんど影響を受けない．

例題 1.2 次のデータについて，平均 $\bar{x}$，中央値 $\tilde{x}$，不偏分散 $S/(n-1)$，標準偏差 $S.D.$，および範囲 R を求めよ．

表 **1.3** データ

15.4	14.1	15.2	14.5	15.3	14.7	15.6	14.8	15.1	14.6	16.7	13.9

【解答】

$$\bar{x} = \frac{15.4 + 14.1 + \cdots + 16.7 + 13.9}{12} = 14.992,$$

$$\tilde{x} = \frac{14.8 + 15.1}{2} = 14.95,$$

$$V = S/(n-1)$$
$$= \frac{(15.4-14.992)^2 + (14.1-14.992)^2 + \cdots + (16.7-14.992)^2 + (13.9-14.992)^2}{12-1}$$
$$= \frac{6.109}{11} = 0.555,$$

$$R = 16.7 - 13.9 = 2.8$$

R プログラムでは

```
># 例題1.2
>x<-c(15.4,14.1,15.2,14.5,15.3,14.7,15.6,14.8,15.1,14.6,16.7,13.9)
>mean(x)          # 平均
>median(x)        # 中央値
>var(x)           # 不偏分散
>sd(x)            # 標準偏差
>max(x)-min(x)    # 範囲
```

と入力すれば

```
> mean(x)          # 平均
[1] 14.99167
> median(x)        # 中央値
[1] 14.95
> var(x)           # 不偏分散
[1] 0.5553788
> sd(x)            # 標準偏差
[1] 0.7452374
> max(x)-min(x)    # 範囲
[1] 2.8
```

が求まる．

1.3 箱ひげ図

1組のデータの特徴を「箱」と「ひげ」で表した図が**箱ひげ図** (box-and-whisker plots) であり，多数のデータの概要を知るのに便利である．箱ひげ図では，箱の中にある線が中央値 Q_2 で，左右の四分位値 Q_1, Q_3 で箱を作る．箱の両端から，四分位偏差 $Q.D.$ の 1.5 倍の範囲内にある最小，最大のデータに対してひげを引き，それを越えるデータ（外れ値：×印）をそのままプロットする．

Rプログラムを用いて表 1.1 のデータについて箱ひげ図を描くには，

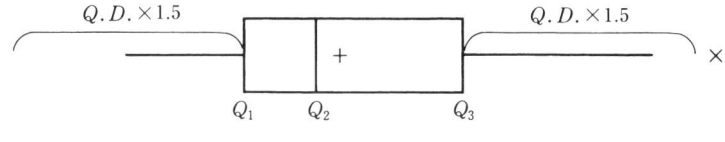

図 1.2 箱ひげ図の描き方

```
# 図1.3  箱ひげ図
>x<-c(72,45,56,34,78,54,92,55,38,71,32,62,67,45,36,69,90,56,
    46,63,55,72,53,59,68,93,69,66,41,85,57,64,69,67,81,51,
    46,76,88,67,45,54,56,42,26,53,74,77,73,21)
>boxplot(x, ylab = "点　数")      # 箱ひげ図
```

とすれば，図 1.3 が得られる．

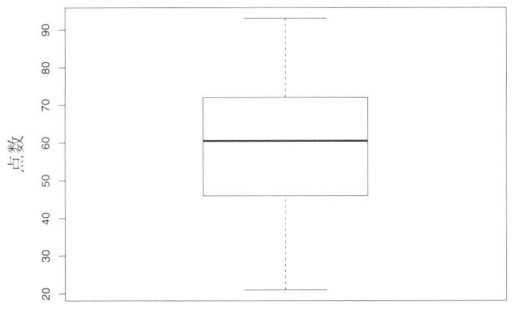

図 1.3 箱ひげ図

1.4 散布図と相関係数

ある個体について，2つの異なる特性が，互いに関連していることがよくある．例えば

1) 身長と体重
2) 数学と理科の成績
3) 合成樹脂の引張り強さと特殊成分の含有量

などがある．2つの特性 x と y の関連を調べるには，**散布図** (scatter diagram) を描くのが最も基本的である．散布図の種々のパターンを図1.4に示す．

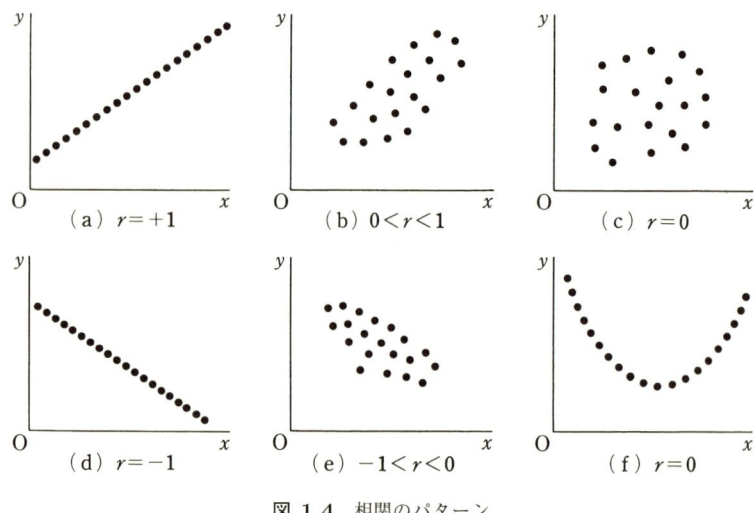

図 1.4 相関のパターン

散布図によって，2つの特性間の関係やその強さの概略を視覚的に把握できる．どの程度，直線的な関係があるかを数量的に示すのが**相関係数** (correlation coefficient) r である．この r は -1 と $+1$ との間の値をとる．$+1$ は図1.4(a)のように，傾きが正の直線上に点がある．逆に(d)のように，傾きが負の直線上にあれば $r=-1$ になる．$r>0$ のときを**正の相関**，$r<0$ のときを**負の相関**，$r=0$ を**無相関**という．無相関は，2つの特性 x と y との間に関係がないということではなく，直線的な関係がないことを意味しているだけである．図1.4(f)のように，x と y との間に2次曲線の関係があっても $r=0$ になる．

対をなす n 組のデータ $(x_1, y_1), (x_2, y_2), \ldots, (x_n, y_n)$ に対して，相関係数 r は

$$r = \frac{S_{xy}}{\sqrt{S_{xx}S_{yy}}} \tag{1.9}$$

から求められる．ただし，

$$\left.\begin{array}{l} S_{xx} = \sum_{i=1}^{n}(x_i-\bar{x})^2 = \sum_{i=1}^{n}x_i^2 - \frac{(\sum_{i=1}^{n}x_i)^2}{n} \\ S_{yy} = \sum_{i=1}^{n}(y_i-\bar{y})^2 = \sum_{i=1}^{n}y_i^2 - \frac{(\sum_{i=1}^{n}y_i)^2}{n} \\ S_{xy} = \sum_{i=1}^{n}(x_i-\bar{x})(y_i-\bar{y}) = \sum_{i=1}^{n}x_iy_i - \frac{(\sum_{i=1}^{n}x_i)(\sum_{i=1}^{n}y_i)}{n} \end{array}\right\} \quad (1.10)$$

とする.

【定理 1.1】 相関係数 r について,常に

$$-1 \leq r \leq +1 \quad (1.11)$$

が成り立つ.

例題 1.3 次のデータは,10人の中学生の身長 (cm) と体重 (kg) である.散布図を書き,相関係数を求めよ.

表 1.4 中学生の身長と体重

生徒番号	1	2	3	4	5	6	7	8	9	10
身長 (x)	150	145	164	167	152	156	161	170	158	169
体重 (y)	43	44	59	56	56	59	58	74	50	67

【解答】 相関係数の計算は表 1.5 より,

表 1.5 相関係数を計算するための補助表

生徒番号	x_i	y_i	x_i^2	y_i^2	x_iy_i
1	150	43	22500	1849	6450
2	145	44	21025	1936	6380
3	164	59	26896	3481	9676
4	167	56	27889	3136	9352
5	152	56	23104	3136	8512
6	156	59	24336	3481	9204
7	161	58	25921	3364	9338
8	170	74	28900	5476	12580
9	158	50	24964	2500	7900
10	169	67	28561	4489	11323
計	1592	566	254096	32848	90715

$$S_{xx} = 254096 - \frac{1592^2}{10} = 649.6, \ S_{yy} = 32848 - \frac{566^2}{10} = 812.4,$$
$$S_{xy} = 90715 - \frac{1592 \times 566}{10} = 607.8$$

を得，(1.9) 式へ代入すると

$$r = \frac{S_{xy}}{\sqrt{S_{xx}S_{yy}}} = \frac{607.8}{\sqrt{649.6 \times 812.4}} = 0.837$$

となる．

R プログラムでは

```
# 例題1.3    相関係数と相関図
>h<-c(150,145,164,167,152,156,161,170,158,169)
>bw<-c(43,44,59,56,56,59,58,74,50,67)
>cor(h,bw)                              # 相関係数
>plot(h,bw,ylab="体 重(kg)",xlab="身 長(cm)")  # 体重と身長の散布図
```

と入力すれば，相関係数と図 1.5 の散布図が得られる．

```
[1] 0.8366672       : 相関係数
```

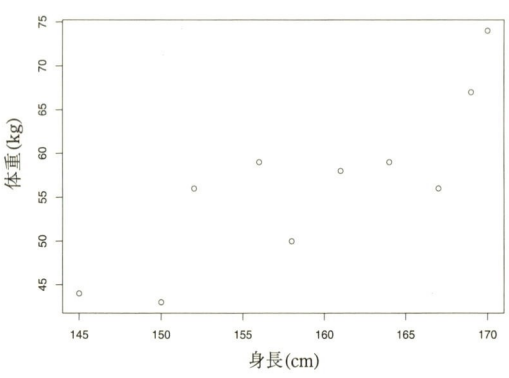

図 **1.5** 身長と体重の散布図

第2章
データの分布

　前章では，多数の**データ** (data) 全体の傾向を知るためのグラフ化，データのまとめ方などを学んだ．ここでは，得られたデータの様子を単に把握するだけでなく，**母集団** (population)，**標本** (sample) という概念を導入し，データから母集団の様子を探る基礎的な知識を習得する．

2.1 母集団と標本

　われわれは，実験や調査によって種々のデータを入手する．それらは，もとになっている集団の一部として**抽出**（サンプリング）された標本からの情報である．対象とした構成要素（人や物）すべての集まりを母集団と呼ぶ．標本のデータから知りたいのは，あくまで母集団の様子である．そのためには，母集団全体から，偏りがないように標本を**無作為** (random) に抽出しなければならない．抽出した標本からのデータ（情報）に基づいて母集団の様子を探るためには，母集団の様子を1つのモデルとして表現し，母集団の特性値（母平均 μ や母分散 σ^2）である未知パラメータ（母数[注2.1]）を含んだ理論式を想定する．母集団のモデルとして，後述する正規分布，2項分布，ポアソン分布などを想定することが多い．このように，標本から母集団のパラメータを探る方法を**統計的推測** (statistical inference) という．

[注 2.1]　本書では，未知パラメータをギリシャ文字で表す．

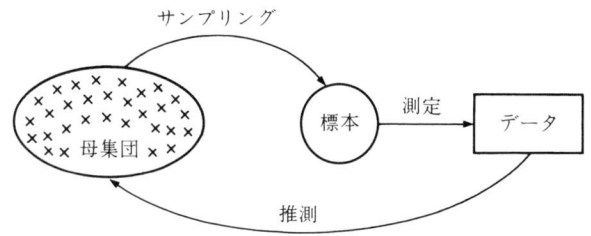

図 2.1 母集団，標本，データの相互関係

第1章で述べたデータ $x_1, x_2, \ldots, x_n$ は，ある確率分布に従う確率変数 x の**実現値**（**観測値**，**測定値**ともいう）とみなせる．これは，x と同じ確率分布に従う n 個の互いに独立な確率変数の実現値と考えることもできる．このとき，母集団から無作為に抽出した標本（同一の確率分布に従う互いに独立な確率変数）$x_1, x_2, \ldots, x_n$ を**大きさ n の無作為標本** (random sample) と呼ぶ．この無作為標本から構成される関数 $T = g(x_1, x_2, \ldots, x_n)$ を**統計量** (statistic) という．統計量は，明らかに確率変数である．

大きさ n の無作為標本 $x_1, x_2, \ldots, x_n$ から計算した算術平均 $\bar{x} = \sum_{i=1}^{n} x_i/n$ を**標本平均**，確率変数 x の期待値 $\mu = E(x)$ を**母平均**，$\sum_{i=1}^{n}(x_i - \bar{x})^2/n$ を**標本分散**，x の分散 $\sigma^2 = Var(x)$ を**母分散**と呼ぶ．標本平均，標本分散はいずれも統計量である．

2.2 確率と確率変数

統計的推測の根底となる確率，確率変数などの確率論の基礎について述べる．

(1) 確 率

正しく作られたサイコロを振る場合，出る目の可能性は1から6までのどれかである．このとき，例えば，3の目が出るなどの現象を**事象** (event) と呼び，記号 A などと書く．また，サイコロを振るなど，偶然によって結果が

左右される実験を**試行** (trial) という．ある試行において，起こりうるすべての結果からなる集合を**標本空間** (sample space) と呼び，Ω で表す．サイコロの場合，$\Omega = \{1, 2, 3, 4, 5, 6\}$ となる．この集合の中の個々の結果を**根元事象** (elemetary event) ω と書く．根元事象とは，標本空間の要素（元）である．サイコロを振って 3 の目が出ることは，Ω の中から $\omega = 3$ の根元事象 A が起きたことになる．この事象 A が起こる可能性の程度を数量的に表したものが**確率** (probability) で，$\Pr\{A\}$ と書く．特別な事象として，決して起こらない事象，および必ず起こる事象がある．これらは，それぞれ**空事象** (empty event) $\emptyset$，および**全事象** (whole event) Ω と呼ばれ，$\Pr\{\emptyset\} = 0, \Pr\{\Omega\} = 1$ である．

例題 2.1 2 つのサイコロを振ったとき，目の和が 5 になる確率を求めよ．
【解答】 2 つのサイコロの目を (x, y) とする．目の和が 5 になる事象 A は $A = \{(1, 4), (2, 3), (3, 2), (4, 1)\}$ の 4 通りである．2 つのサイコロを振ったとき，(x, y) の組の数は $6 \times 6 = 36$ 通りであるから $\Pr\{A\} = 4/36 = 1/9$ となる．

事象 A と B について，A と B のうち少なくとも 1 つは起こるという事象を A と B の**和事象** (sum event) といい，$A \cup B$ で表す．また，A と B が同時に起こる事象を A と B の**積事象** (product event) といい，$A \cap B$ と書く．事象 A に対して，A でない事象を**余事象** (complementary event) といい，$\bar{A}$ と書く．$\Pr\{\bar{A}\} = 1 - \Pr\{A\}$ である．事象 A と B に関し，$A \cap B = \emptyset$ のとき，A と B は互いに**排反** (mutually exclusive) であるという．A と B が互いに排反な事象なら，$\Pr\{A \cup B\} = \Pr\{A\} + \Pr\{B\}$ となる．

【定理 2.1（加法定理）】 必ずしも排反でない 2 つの事象 A, B について

$$\Pr\{A \cup B\} = \Pr\{A\} + \Pr\{B\} - \Pr\{A \cap B\} \tag{2.1}$$

が成り立つ．

2 つの事象 A と B について

$$\Pr\{A \cap B\} = \Pr\{A\} \Pr\{B\} \tag{2.2}$$

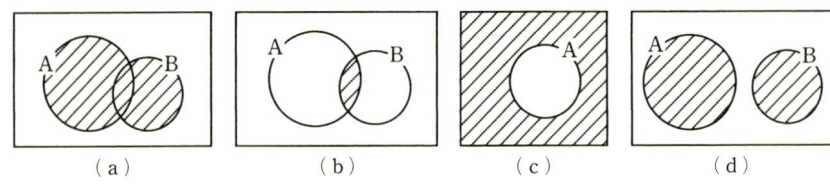

図 2.2 (a) A と B の和事象，(b) A と B の積事象，(c) A の余事象，(d) A と B の排反事象

が成り立つとき，A と B は**互いに独立** (mutually independent) であるという．また，事象 A が起こったという条件のもとで，事象 B が起こる確率を**条件付き確率** (conditional probability) $\Pr\{B \mid A\}$ と書き，次の定理が成り立つ．

【定理 2.2 (乗法定理)】 2 つの事象 A, B について

$$\Pr\{A \cap B\} = \Pr\{A\}\Pr\{B \mid A\} = \Pr\{B\}\Pr\{A \mid B\} = \Pr\{B \cap A\} \quad (2.3)$$

となる．

(2.2), (2.3) 式から，A と B が互いに独立であるための必要十分条件は

$$\Pr\{B \mid A\} = \Pr\{B\} \quad (2.4)$$

となることである．

排反事象 $A_1, A_2, \ldots, A_n$ について，A_i のうちの 1 つが生起したときのみ事象 B が起こるとする．A_i が生起したとき，B が起こる確率（条件付き確率）は $\Pr\{B \mid A_i\}$ となる．B の生起したことがわかっているとき，それが A_i の生起が原因である確率 $\Pr\{A_i \mid B\}$ を求める定理が，次の**ベイズ** (Bayes) **の定理**である．

【定理 2.3】 事象 $A_1, A_2, \ldots, A_n$ が互いに排反な事象で，$\bigcup_{i=1}^{n} A_i = \Omega$ のとき，任意の事象 B に対し，

$$\Pr\{A_i \mid B\} = \frac{\Pr\{A_i\}\Pr\{B \mid A_i\}}{\sum_{i=1}^{n} \Pr\{A_i\}\Pr\{B \mid A\}}, \quad i = 1, \ldots, n \quad (2.5)$$

が成り立つ．$\Pr\{A_i\}$ を**事前確率** (prior probability)，$\Pr\{A_i \mid B\}$ を**事後確率** (posterior probability) という．

例題 2.2 定理 2.3 を証明せよ．
【解答】 (2.5) 式の左辺は，(2.3) 式より

$$\Pr\{A_i \mid B\} = \Pr\{A_i\}\Pr\{B \mid A_i\}/\Pr\{B\}$$

と書ける．よって，$\Pr\{B\}$ が (2.5) 式の右辺の分母 $\sum_{i=1}^{n}\Pr\{A_i\}\Pr\{B \mid A_i\}$ になればよい．

$$\Pr\{B\} = \Pr\{A_1 \cap B\} + \Pr\{A_2 \cap B\} + \cdots + \Pr\{A_n \cap B\} = \sum_{i=1}^{n}\Pr\{A_i \cap B\}$$

において，(2.3) 式より

$$\Pr\{B\} = \sum_{i=1}^{n}\Pr\{A_i\}\Pr\{B \mid A_i\}$$

となる．ゆえに

$$\Pr\{A_i \mid B\} = \frac{\Pr\{A_i\}\Pr\{B \mid A_i\}}{\Pr\{B\}} = \frac{\Pr\{A_i\}\Pr\{B \mid A_i\}}{\sum_{i=1}^{n}\Pr\{A_i\}\Pr\{B \mid A_i\}}$$

を得る．

(2) 確率変数

確率を伴った変数を**確率変数** (random variable) という．データには，計量値（連続型）と計数値（離散型）があった．確率変数も**離散型**確率変数と**連続型**確率変数がある．

① **離散型確率変数**

正しく作られたサイコロを振ったとき，出る目の数を x とする．x は $i = 1, 2, 3, 4, 5, 6$ のいずれかをとり，それらの出る確率はいずれも 1/6 である．これを

$$\Pr\{x = i\} = 1/6, \quad i = 1, 2, 3, 4, 5, 6 \tag{2.6}$$

と書き,表2.1のように表す.このように,サイコロの出る目は1,2,3,4,5,6の離散値のみであるから,**離散型確率変数**と呼ぶ.(2.6)式をxの(**離散型**)**確率分布**,表2.1を**確率分布表**という.

表 2.1 確率分布表

x	1	2	3	4	5	6	計
確率	1/6	1/6	1/6	1/6	1/6	1/6	1

一般に,離散型確率変数xの実現値を$x_1, x_2, \ldots, x_n$とするとき,

$$0 \leq p_i \leq 1 \tag{2.7}$$

$$\sum_{i=1}^{n} p_i = 1 \tag{2.8}$$

を満たす(離散型)確率

$$\Pr\{x = x_i\} = p_i, \quad i = 1, 2, \ldots, n \tag{2.9}$$

を確率変数xの**確率分布** (probability distribution) という.確率分布表は表2.2のようになる.

表 2.2 確率分布表

x	x_1	x_2	·	·	·	x_n	計
確率	p_1	p_2	·	·	·	p_n	1

確率変数xが区間$(-\infty, a)$の値をとる確率

$$\Pr\{x \leq a\} = F(a) \tag{2.10}$$

は,上界aによって決まる.aの種々の値を与えて得られる関数$F(x)$をxの**累積分布関数** (cumulative distribution function) あるいは単に,**分布関数**という.$F(x)$は確率変数がx以下の値をとる確率である.

(2.9)式を用いると,(2.10)式は

$$F(x) = \sum_{i=1}^{x} p_i \tag{2.11}$$

と書ける．

② 連続型確率変数

多数のデータからヒストグラムを作成することを考える．データをいくつかの階級に分け，各階級の度数を全データ数で割った**相対度数** (relative frequency) を計算する．そのとき，データ数を増やしていくと同時に，階級の幅を小さくしていけば，データは滑らかな曲線に近づくであろう．

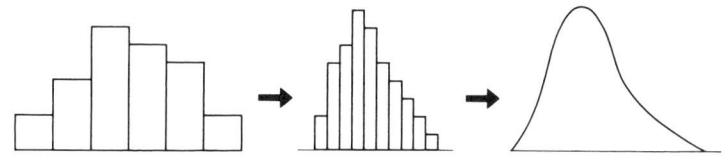

図 **2.3** ヒストグラムと滑らかな曲線

この滑らかな曲線は，母集団の全体像を表している．母集団のすべての要素について調べたヒストグラムが母集団の分布になる．しかし，要素の個数が無限個ある母集団（**無限母集団**）については，全部を調べることは不可能である．たとえ有限（**有限母集団**）であっても，要素の個数が多い場合は，すべてを調べることができない．そこで，滑らかな曲線に近づくヒストグラムをある理論式 $f(x)$ で表現する．（連続型）確率変数の確率分布 $f(x)$ を**確率密度関数** (probability density function) あるいは単に，**密度関数**といい，

$$f(x) \geq 0 \tag{2.12}$$

$$\int_{-\infty}^{\infty} f(x)\,dx = 1 \tag{2.13}$$

を満たす．

連続型確率変数に対する分布関数を

$$F(x) = \int_{-\infty}^{x} f(t)\,dt \tag{2.14}$$

と定義する．よって，$a<b$ のとき x が区間 $[a,b]$ の値をとる確率は

$$\Pr\{a < x \leq b\} = \int_{a}^{b} f(x)\,dx = F(b) - F(a) \tag{2.15}$$

となる．

2.3 期待値と分散

確率変数の分布状態の特徴を表す期待値，分散などの定義，および求め方について述べる．

(1) 期待値

x が離散型確率変数であるとき，x の実現値が $x_1, x_2, \ldots, x_n$ なら，**期待値**（Expectation）$\mu = E(x)$ を

$$E[x] = \sum_{i=1}^{n} x_i \, p_i \tag{2.16}$$

と定義する．ここに，$p_i = \Pr\{x = x_i\}$ で，μ を**母平均**（**母**集団の**平均**）という．一般に，x の任意の関数 $g(x)$ について

$$E[g(x)] = \sum_{i=1}^{n} g(x_i) \, p_i \tag{2.17}$$

と定義する．

例題 2.3 サイコロを振ったとき，出る目の数 x の期待値 $E[x]$ を求めよ．

【解答】 $\Pr\{x = i\} = 1/6$ であるから

$$E[x] = \sum_{x=1}^{6} x \Pr(x = x) = \frac{1}{6} \sum_{x=1}^{6} x = 3.5$$

となる．

x が連続型確率変数なら，期待値 $\mu = E[x]$ は

$$E[x] = \int_{-\infty}^{\infty} x \, f(x) \, \mathrm{d}x \tag{2.18}$$

となる．確率変数 x の期待値 $\mu = E[x]$ を**母平均**という．一般に，x の任意の関数 $g(x)$ について

$$E[g(x)] = \int_{-\infty}^{\infty} g(x) \, f(x) \, \mathrm{d}x \tag{2.19}$$

と定義する．

連続型確率変数について，(2.19) 式で，$g(x) = a + bx$ とおけば

$$E[x] = \int_{-\infty}^{\infty} (a+bx) f(x)\,\mathrm{d}x = a\underbrace{\int_{-\infty}^{\infty} f(x)\,\mathrm{d}x}_{1} + b\underbrace{\int_{-\infty}^{\infty} x f(x)\,\mathrm{d}x}_{E[x]}$$

となる．(2.13), (2.18) 式より

$$E[x] = a + bE[x]$$

を得る．よって，

$$E[a+bx] = a + b\,E[x] \tag{2.20}$$

となる．一般に，x_i を確率変数，$a_0, a_1, \ldots, a_n$ を定数とするとき

$$E[a_0 + a_1 x_1 + a_2 x_2 + \cdots + a_n x_n] = a_0 + a_1\,E[x_1] + a_2 E[x_2] + \cdots + a_n E[x_n] \tag{2.21}$$

が成り立つ．

(2) 分散

平均の他に，分布型の特徴を示す統計量として**積率** (moment) がある．x^k の期待値

$$\mu'_k = E[x^k] \tag{2.22}$$

を k 次の**原点積率**という．また，$(x-\mu)^k$ の期待値

$$\mu_k = E[x-\mu]^k \tag{2.23}$$

を k 次の**平均積率**と呼ぶ．

確率変数 x の母分散 $Var[x] \equiv \sigma^2$ を

$$Var[x] = E[(x-\mu)^2], \quad \mu = E[x] \tag{2.24}$$

と定義する．(2.24) 式は

$$Var[x] = E[x^2 - 2\mu x + \mu^2] = E[x^2] - 2\mu E[x] + \mu^2 = E[x^2] - \{E[x]\}^2 \tag{2.25}$$

と書ける．すなわち，分散は2次の平均積率である．また，$\sigma = \sqrt{Var[x]}$ を**母標準偏差**という．よって，原点積率で書けば $Var[x] = \sigma^2 = E[x^2] - \mu^2 = \mu_2' - \mu_1'^2$ となる．また，$\mu_1' = \mu$, $\mu_1 = E[x-\mu] = 0$ である．

3次と4次の平均積率に関して，**ひずみ度** (skewness) $b_1 = \mu_3/\sigma^3$，および中央付近のとがり具合を示す**とがり度** (kurtosis) $b_2 = \mu_4/\sigma^4$ と呼ばれる統計量がある．b_1 は分布の非対称性を表し，$b_1 = 0$ で対称，$b_1 \leq 0$ では低値に，$b_1 > 0$ では高値で裾を引く．b_2 は中央付近のとがり具合を示す．なお，2.4節の正規分布では，$b_1 = 0, b_2 = 3$ となる．

x を確率変数，a,b を任意の定数とし，$g(x) = a + bx$ とおくと，(2.20), (2.24) 式より

$$Var[a+bx] = E\left[\{(a+bx) - E[a+bx]\}^2\right] = E\left[\{a+bx - a - bE[x]\}^2\right]$$
$$= E\left[b^2\{x - E[x]\}^2\right] = b^2 Var[x]$$

となる．よって，

$$Var[a+bx] = b^2 Var[x] \tag{2.26}$$

が成り立つ．

(3) 積率母関数

任意の定数 a および確率変数 x に対して

$$M_x(a) = E[\mathrm{e}^{ax}] \tag{2.27}$$

を x の**積率母関数** (moment generating function) と定義する．この $M_x(a)$ をテイラー展開すると

$$\begin{aligned}
M_x(a) &= E[\mathrm{e}^{ax}] \\
&= E\left[1 + ax + \frac{a^2 x^2}{2!} + \frac{a^3 x^3}{3!} + \cdots\right] \\
&= 1 + E[x]a + \frac{E[x^2]}{2!}a^2 + \frac{E[x^3]}{3!}a^3 + \cdots \\
&= 1 + \mu_1' a + \frac{\mu_2'}{2!}a^2 + \frac{\mu_3'}{3!}a^3 + \cdots
\end{aligned}$$

となる．a^k の係数に x の k 次の原点積率が現れる．

原点積率は，積率母関数 $M_x(a)$ から求められる．$M_x(a)$ を a について k 回微分すると

$$\frac{d^k}{da^k}M_x(a) = E\left[\frac{d^k}{da^k}e^{ax}\right]$$
$$= M_x^{(k)}(a) = E[x^k e^{ax}]$$

を得る．ゆえに，$a = 0$ とおけば

$$M_x^{(k)}(0) = E[x^k] = \mu_k'$$

となるから，$M_x(a)$ を k 回微分して $a = 0$ とおくと k 次の原点積率が求められる．それゆえ，$M_x(a)$ が積率母関数（積率を生み出す関数）と呼ばれている．

積率母関数について，次の定理が成り立つ．

【定理 2.4】 $M_x(a)$ が，ある確率変数の積率母関数であるとき，$M_x(a)$ を積率母関数にもつ確率分布は一意である．すなわち，2 つの確率変数の積率母関数が等しいとき，この 2 つの確率変数は同一の分布に従う．

2.4 確率分布

ここでは，離散型確率変数および連続型確率変数の分布について述べる．

(1) 離散型確率変数

① 二項分布

結果が 1（成功），0（失敗）のいずれかである実験を独立に n 回繰り返す．1 の生ずる確率を π，0 の生ずる確率を $1 - \pi$ とする．このように，独立な試行で特定の事象の生じる確率が常に π である試行を，**ベルヌーイ試行**という．このとき，n 回中 1 の生ずる回数を確率変数 x とすると

$$f(x) = \binom{n}{x} \pi^x (1-\pi)^{n-x}, \quad x = 0, 1, \ldots, n \tag{2.28}$$

$$= \frac{n!}{x!(n-x)!}\pi^x(1-\pi)^{n-\pi}$$

で与えられる．この離散型確率分布は，**二項分布** (***B***inomial distribution) と呼ばれ，$B(n,\pi)$ と書く．

$B(n,p) = B(20,1/6)$ の二項分布を R プログラムで描くには，

```
# 図2.4  二項分布
>x<-0:15
>y<-dbinom(x,20,1/6)       # p=1/6
>names(y)<-x
>barplot(y,ylab="F(x)",xlab="二項分布 ： n=20,p=1/6")
>abline(h=0)   # 縦軸のベースライン
```

と入力すると図 2.4 が得られる．

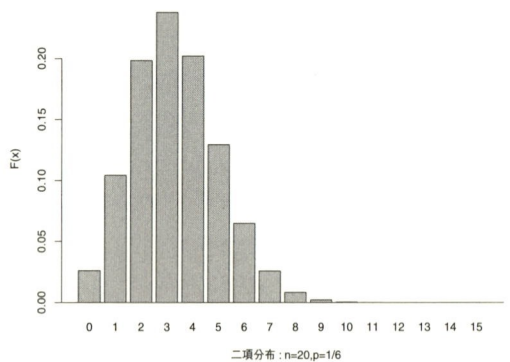

図 2.4 $B(n,\pi p) = B(20,1/6)$ の二項分布

例題 2.4 コインを 5 回投げたとき，すべてが表である確率を求めよ．
【解答】 (2.28) 式において，$\pi = 1/2$, $n = 5$, $x = 5$ を代入すると

$$f(5) = \frac{5!}{5!(5-5)!}\left(\frac{1}{2}\right)^5\left(1-\frac{1}{2}\right)^{5-5} = 0.03125$$

を得る．
R では

```
>(p<-dbinom(5,5,1/2)) # 5回投げて，すべてが表である確率
```

と入力すると

```
[1] 0.03125
```

を得る．

二項分布の形は n と π の値によって定まる．例えば，n 個の製品を製造したとき，その中に含まれる不良品の個数 x は，二項分布に従う．この場合の未知パラメータ π は**母不良率**と呼ばれる．特に，$n=1$ の場合を，**ベルヌーイ分布**と呼ぶ．二項分布は，抜取検査，不良率の管理図，あるいは社会調査など，計数値を対象とする統計的方法の基礎となる重要な分布である．

例題 2.5 確率変数 x が二項分布 $B(n, \pi)$ に従うとき，

$$\left. \begin{array}{l} E[x] = n\pi \\ Var[x] = n\pi(1-\pi) \end{array} \right\} \tag{2.29}$$

となることを示せ．

【解答】 (2.16) 式より

$$\begin{aligned} E[x] &= \sum_{x=0}^{n} x \frac{n!}{x!(n-x)!} \pi^x (1-\pi)^{n-x} \\ &= n\pi \sum_{x=1}^{n} \frac{(n-1)!}{(x-1)!(n-x)!} \pi^{x-1} (1-\pi)^{n-x} \end{aligned}$$

を得，$x' = x-1$, $n' = n-1$ とおくと $n-x = n'-x'$ より

$$\begin{aligned} E[x] &= n\pi \sum_{x'=1}^{n'} \binom{n'}{x'} \pi^{x'} (1-\pi)^{n'-x'} \\ &= n\pi (\pi + 1 - \pi)^{n'} \\ &= n\pi \end{aligned}$$

となる．

次に，

$$Var[x] = E[x^2] - \{E[x]\}^2$$
$$= E[x(x-1) + x] - \{E[x]\}^2$$
$$= E[x(x-1)] + E[x] - \{E[x]\}^2$$
$$= E[x(x-1)] + n\pi - (n\pi)^2$$

より，$E[x(x-1)]$ を求める．(2.17) 式において，

$$g(x) = x(x-1)$$
$$p_i = \frac{n!}{x!(n-x)!}\pi^x(1-\pi)^{n-x}$$

とおくと

$$E[x(x-1)] = \sum_{x=0}^{n} x(x-1)\frac{n!}{x!(n-x)!}\pi^x(1-\pi)^{n-x}$$
$$= \sum_{x=2}^{n} \frac{n!}{(x-2)!(n-x)!}\pi^x(1-\pi)^{n-x}$$
$$= n(n-1)\pi^2 \sum_{x=2}^{n} \frac{(n-2)!\pi^{x-2}(1-\pi)^{(n-2)-(x-2)}}{(x-2)!\{(n-2)-(x-2)\}!}$$

となる．ここで，$y = x - 2$ とおくと

$$E[x(x-1)] = n(n-1)\pi^2 \sum_{y=0}^{n-2} \frac{(n-2)!}{y!\{(n-2)-y\}!}\pi^y(1-\pi)^{(n-2)-y}$$
$$= n(n-1)\pi^2$$

を得る．よって，

$$Var[x] = n(n-1)\pi^2 + n\pi - (n\pi)^2 = n\pi(1-\pi)$$

となる．

　二項分布は n が大きく，π がそれほど小さくないとき（実際には，$n\pi \geq 5$ かつ $n(1-\pi) \geq 5$)，x は近似的に平均 $n\pi$，分散 $n\pi(1-\pi)$ の正規分布になる（これを，**二項分布の正規近似**という）．すなわち，$u = (x-n\pi)/\sqrt{n\pi(1-\pi)}$

は $N(0, 1^2)$ に従う．u の分子を $| x - n\pi | - 0.5$ とすると（これを，**連続補正**と呼ぶ），近似の精度はさらに良くなる．n 回の試行で，ある事象の生ずる回数 x の分布は，離散型であるから，標本不良率 $P = x/n$ もまた離散型になる．よって，不良率は計数値として取り扱う．この P の期待値と分散は

$$\left.\begin{array}{l} E[P] = \pi \\ Var[P] = \pi(1-\pi)/n \end{array}\right\} \quad (2.30)$$

で与えられる．

② **ポアソン分布**

二項分布の期待値 $n\pi = \lambda$ を一定にし，$n \to \infty$ にすると，二項分布は**ポアソン分布**

$$f(x) = \frac{e^{-\lambda}\lambda^x}{x!}, \quad x = 0, 1, 2, \ldots \quad (2.31)$$

に従う．ポアソン分布では，λ が未知パラメータになる．一般に，$\pi < 0.1$ かつ $n\pi < 5$ なら，二項分布はポアソン分布で近似できる（これを**二項分布のポアソン近似**という）．

ポアソン分布は試行回数 n が大きく，1 回の試行での生起確率が極めて小さい稀現象の生ずる離散型確率分布とみなされる．例えば，大都会では，車の数が非常に多いので，1 日のうち，個々については交通事故の起こる確率は極めて小さいが，全体では何件かの事故が発生している．このように，ある地域で特定の期間内に起こる交通事故件数はポアソン分布に従う．この他にも，工場で 1 日に故障する機械の台数，単位時間内に掛かってくる電話の呼出し回数，鉄板の一定面積あたりのピンホールの数など，ポアソン分布の当てはまる例は多い．

R プログラムで $\lambda = 5$ のポアソン分布を描くには

```
# 図2.5  ポアソン分布
>x<-0:20
>y<-dpois(x,5)      #λ=5
>names(y)<-x
>barplot(y,ylab="F(x)",xlab="ポアソン分布 :  λ=5")
>abline(h=0)        # 縦軸のベースライン
```

とすれば図 2.5 が得られる．

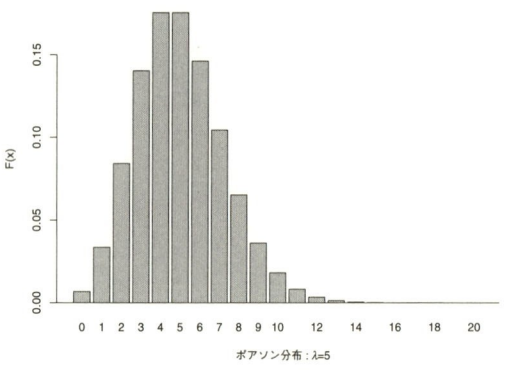

図 2.5 $\lambda = 5$ のポアソン分布

例題 2.6 ある地域で，1 日平均 4 回交通事故が発生する．交通事故が 0 回になる確率を求めよ．

【解答】 (2.31) 式で，$\lambda = 4$，$x = 0$ を代入すると

$$f(0) = e^{-4}\frac{4^0}{0!} = \frac{1}{2.718^4} = 0.0183$$

を得る．

R プログラムでは

```
>(p<-dpois(0,4))    # 4回が0となる確率
```

と入力すると

```
[1] 0.01831564
```

を得る．

例題 2.7 ポアソン分布の期待値と分散は

$$\left. \begin{array}{l} E[x] = \lambda \\ Var[x] = \lambda \end{array} \right\} \tag{2.32}$$

となることを示せ.

【解答】 (2.16), (2.31) 式より

$$E[x] = \sum_{x=0}^{\infty} x \frac{e^{-\lambda} \lambda^x}{x!} = \lambda e^{-\lambda} \sum_{x=1}^{\infty} \frac{\lambda^{x-1}}{(x-1)!}$$

となる．ここで，$y = x - 1$ とおくと

$$\sum_{x=1}^{\infty} \frac{\lambda^{x-1}}{(x-1)!} = \sum_{y=0}^{n} \frac{\lambda^y}{y!} = e^{\lambda}$$

より

$$E[x] = \lambda$$

となる．

次に，(2.25) 式と同様にして

$$Var[x] = E[x(x-1)] + E[x] - \{E[x]\}^2$$

とおくと

$$E[x(x-1)] = \sum_{x=0}^{\infty} x(x-1) \frac{e^{-\lambda} \lambda^x}{x!} = \sum_{x=2}^{\infty} \frac{e^{-\lambda} \lambda^x}{(x-2)!}$$

$$= \lambda^2 \sum_{x=2}^{\infty} \frac{e^{-\lambda} \lambda^{x-2}}{(x-2)!} = \lambda^2$$

を得る．よって，

$$Var[x] = \lambda^2 + \lambda - \lambda^2 = \lambda$$

となる．

二項分布の場合には，確率変数 x の取りうる値は，$x = 0, 1, \ldots, n$ であったが，ポアソン分布では 0 から ∞ の整数値をとることに留意せよ．ポアソン分布の期待値と分散は，パラメータ λ そのものである．ゆえに，ポアソン分布に従う確率変数 x について，$u = (x - \lambda)/\sqrt{\lambda}$ は標準正規分布になる（これを，**ポアソン分布の正規近似**という）．

(2) 連続型確率変数

連続型確率変数の分布では，最もよく用いられる**正規分布** (**N**ormal distribution) を取り上げる．計量値の母集団分布の形状は

$$f(x) = \frac{1}{\sqrt{2\pi}\sigma} e^{-\frac{(x-\mu)^2}{2\sigma^2}} \tag{2.33}$$

で表される場合が多い．確率変数 x の密度関数が，(2.33) 式で与えられるとき，x は正規分布に従うという．正規分布は，μ と σ でその曲線の形状が決まる．μ は分布の中心位置を，σ^2 はバラツキの尺度を意味し，μ は**母平均**，σ^2 は**母分散**である．$f(x)$ を $f(x;\mu,\sigma^2)$ と書くこともある．

(2.33) 式は，$x = \mu$ に関して左右対称，最大値は $f(\mu) = 1/(\sqrt{2\pi}\sigma)$，変曲点は σ となる．確率変数 x が母平均 μ と母分散 σ^2 の正規分布に従うことを

$$x \sim N(\mu, \sigma^2)$$

と書く．特に，$N(0, 1^2)$ を**標準正規分布**という．

R プログラムで正規分布を描く．$N(0, 0.5^2)$，$N(0, 1^2)$ および $N(0, 2^2)$ の分布は

```
># 正規分布
>curve(dnorm(x,0,0.5),from=-7,to=7,lty=2,xlab="x",ylab="f(x)",
 ylim=c(0,0.8)) #σ=0.5の正規分布,横軸,縦軸のラベル,縦軸の目盛
>abline(h=0)    # 縦軸のベースライン
>curve(dnorm(x,0,1.0),add=T,lty=1)  # σ=1の正規分布, add=T:図を重ねる
>curve(dnorm(x,0,2.0),add=T,lty=3)  # lty=3:点線や破線
>legend(x=4,y=0.6,lty=c(1,2,3),legend=c("σ=1","σ=0.5","σ=2.0"))
                # 凡例(位置,線の種類)
```

とすれば図 2.6 が得られる．

例題 2.8 確率変数 x が正規分布 $N(\mu, \sigma^2)$ に従うとき，積率母関数を導け．
【解答】 (2.27)，(2.33) 式より

$$M_x(a) = E[e^{ax}] = \int_{-\infty}^{+\infty} \frac{1}{\sqrt{2\pi}\sigma} e^{ax} e^{-\frac{(x-\mu)^2}{2\sigma^2}} \, dx$$

2.4 確率分布

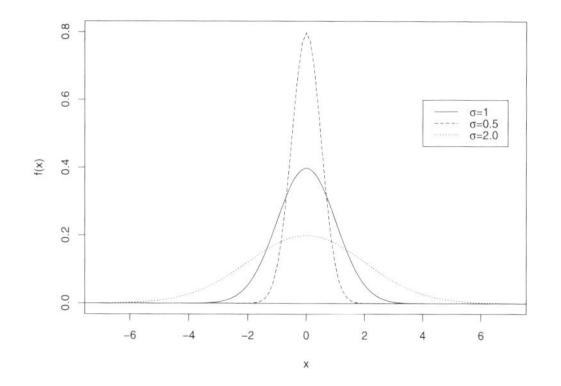

図 2.6 標準化正規分布 $N(0,1)$

$$
\begin{aligned}
&= \int_{-\infty}^{+\infty} \frac{1}{\sqrt{2\pi}\sigma} e^{-\frac{x^2 - 2(\mu + a\sigma^2)x + \mu^2}{2\sigma^2}} \,dx \\
&= e^{\mu a + \frac{\sigma^2 a^2}{2}} \underbrace{\int_{-\infty}^{+\infty} \frac{1}{\sqrt{2\pi}\sigma} e^{-\frac{\{x - (\mu + a\sigma^2)\}^2}{2\sigma^2}} \,dx}_{1} \\
&= e^{\mu a + \frac{\sigma^2 a^2}{2}}
\end{aligned}
$$

となる.

【定理 2.5】 確率変数 x が正規分布 $N(\mu, \sigma^2)$ に従うとき,任意の定数 $a, b (a \neq 0)$ について,確率変数 $y = ax + b$ は正規分布 $N(a\mu + b, a^2\sigma^2)$ に従う.

定理 2.5 において,$a = 1/\sigma$,$b = -\mu/\sigma$ とおけば $u = \frac{x-\mu}{\sigma}$ は,標準正規分布 $N(0, 1^2)$ に従う.これを

$$u \sim N(0, 1^2)$$

と書く.標準正規分布について,P と $u(P)$ が図 2.7 のような

$$P = \Pr\{u \geq u(P)\} = \frac{1}{\sqrt{2\pi}} \int_{u(P)}^{\infty} e^{-\frac{x^2}{2}} \,dx \tag{2.34}$$

の関係にあるとき,$u(P)(> 0)$ を与えて,$P = \Pr\{U > u(P)\}$ となる**上側確率** P を求めることができる.すなわち,$u(P)$ から図 2.7 の斜線部分の面積 P

を求めることになる．$u(P) < 0$ の場合は，正規分布の対称性を利用して求められる．確率（図 2.7 の斜線部分の面積）P を与えたとき $\Pr\{U > u(P)\} = P$ となる $u(P)$ を求めることができる．

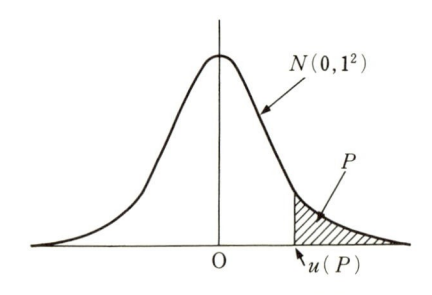

図 2.7 $u(P)$ と P との関係

R プログラムでは，例えば $u(P) = 1.96$ のときの上側確率 P は

```
>(p<-(1-pnorm(1.96)))
```

と入力すれば

```
[1] 0.0249979
```

が得られる．また，上側確率が $P = 0.05$ のときの $u(P)$ は

```
>(u<-qnorm(1-0.05))
```

と入力すれば

```
[1] 1.644854
```

を得る．

確率変数 x が $N(\mu, \sigma^2)$ に従う場合，x が x_0 という値をとったときの上側確率 P を求めよう．標準化変換 $u = (x - \mu)/\sigma$ を施し

$$\Pr\{x \geq x_0\} = \Pr\left\{\frac{x-\mu}{\sigma} \geq \frac{x_0-\mu}{\sigma}\right\} = \Pr\left\{u \geq \frac{x_0-\mu}{\sigma}\right\}$$

より，$u(P) = u$ とおいて上側確率 P を計算すればよい．また，上側確率 P から，確率変数 x の値 x_0 を算出するには，P から $u(P)$ を求める．そして，変換 $x_0 = \mu + u(P)\sigma$ によって，もとの正規分布の x_0 を求めればよい．

例題 2.9 U が標準正規分布 $N(0, 1^2)$ に従うとき，次の確率を計算せよ．

　i) $\Pr\{u \geq 1.45\}$　　ii) $\Pr\{u \leq -1.96\}$　　iii) $\Pr\{-0.56 \leq u \leq 2.16\}$

【解答】 i), ii), iii) について R プログラムで求めるには

```
# 例題2.9
> (1-pnorm(1.45))           # i) Pr{u≧1.45}
> (pnorm(-1.96))            # ii) Pr{u≦-1.96}
> (pnorm(2.16)-pnorm(-0.56))  # iii) Pr{-0.56≦u≦2.16}
```

と入力すれば，それぞれ

```
> # 例題2.9
> (1-pnorm(1.45))           # i) Pr{u≧1.45}
[1] 0.07352926
> (pnorm(-1.96))            # ii) Pr{u≦-1.96}
[1] 0.0249979
> (pnorm(2.16)-pnorm(-0.56))  # iii) Pr{-0.56≦u≦2.16}
[1] 0.6968739
```

が得られる．

例題 2.10 確率変数 x が正規分布 $N(\mu, \sigma^2)$ に従うとき，

$$\left. \begin{array}{l} E[x] = \mu \\ Var[x] = \sigma^2 \end{array} \right\} \quad (2.35)$$

となることを示せ．

【解答】 標準化変換 $u = (x - \mu)/\sigma$ を施すと，u は $N(0, 1^2)$ に従うから，

$$E[u] = \int_{-\infty}^{\infty} u \frac{1}{\sqrt{2\pi}} e^{-\frac{u^2}{2}} \, du$$

となる．$ue^{-\frac{u^2}{2}}$ は奇関数より，$E[u]=0$ となる．

$$\begin{aligned}
E[u^2] &= \int_{-\infty}^{\infty} u^2 \frac{1}{\sqrt{2\pi}} e^{-\frac{u^2}{2}} \, du \\
&= \frac{1}{\sqrt{2\pi}} \int_{-\infty}^{\infty} \left(-u e^{-\frac{u^2}{2}}\right) \times (-u) \, du \\
&= \frac{1}{\sqrt{2\pi}} \left[\left(e^{-\frac{u^2}{2}}\right) \times (-u)\right]_{-\infty}^{\infty} - \frac{1}{\sqrt{2\pi}} \int_{-\infty}^{\infty} \left(e^{-\frac{u^2}{2}}\right) \times (-1) \, du = 1
\end{aligned}$$

を得る．よって，

$$\begin{aligned}
E[x] &= E[\mu + \sigma u] \\
&= \mu + \sigma E[u] = \mu \\
Var[x] &= Var[\mu + \sigma u] = \sigma^2 Var[u] \\
&= \sigma^2 E[u - E[u]^2] \\
&= \sigma^2 E[u^2] \\
&= \sigma^2
\end{aligned}$$

が求まる．

次に，正規分布へのデータの当てはまりを検証する Q-Q プロットについて述べる．母集団から n 個の標本 $x_1, x_2, \ldots, x_n$ を無作為に抽出するとき，その母集団の累積分布関数が正規分布 $N(\mu, \sigma^2)$

$$F(z) = \int_{-\infty}^{z} \frac{1}{\sqrt{2\pi}\sigma} e^{-\frac{(x-\mu)^2}{2\sigma^2}} \, dx$$

であるという仮説を検証したい．Q-Q プロットの作成手順は下記のとおりである．

<u>手順 1</u>　仮説 "n 個の標本 $x_1, x_2, \ldots, x_n$ は正規分布からの無作為標本である" を設定する．

<u>手順 2</u>　n 個の標本 $x_1, x_2, \ldots, x_n$ の平均値を $\bar{x}$，標準偏差を s とする．

<u>手順 3</u>　$x_1, x_2, \ldots, x_n$ を大きさの順に並び替え $x_{(1)} \leq x_{(2)} \leq \cdots \leq x_{(n)}$ とする．

<u>手順 4</u>　$F(z_i) = \int_{-\infty}^{z_i} \frac{1}{\sqrt{2\pi}\sigma} e^{-\frac{(x-\bar{x})^2}{2s^2}} \, dx = \dfrac{i - \frac{1}{2}}{n}$, $i = 1, 2, \ldots, n$ となる

$z_1, z_2, \ldots, z_n$ を求める．

<u>手順5</u> n 個の点 $(z_i, x_{(i)})$, $i = 1, 2, \ldots, n$ をプロットする．$x_1, x_2, \ldots, x_n$ が正規母集団からの無作為標本なら，n 個の点は，ほぼ傾き $45°$ の直線上に並ぶ．なお，Q-Q プロットで横座標と縦座標を入れ換えると，正規確率プロットになる．

表 1.1 のデータの Q-Q プロットを書く R プログラムは

```
>x<-c(72,45,56,34,78,54,92,55,38,71,32,62,67,45,36,69,90,56,46,63,
    55,72,53,59,68,93,69,66,41,85,57,64,69,67,81,51,46,76,88,67,
    45,54,56,42,26,53,74,77,73,21)
>qqnorm(x)          # QQプロット
>qqline(x)          # 直線の記入
```

となる．その結果，図 2.8 の Q-Q プロットが得られる．同図から，直線はほぼ傾き $45°$ 上にあり，データは正規分布に従っているとみなす．

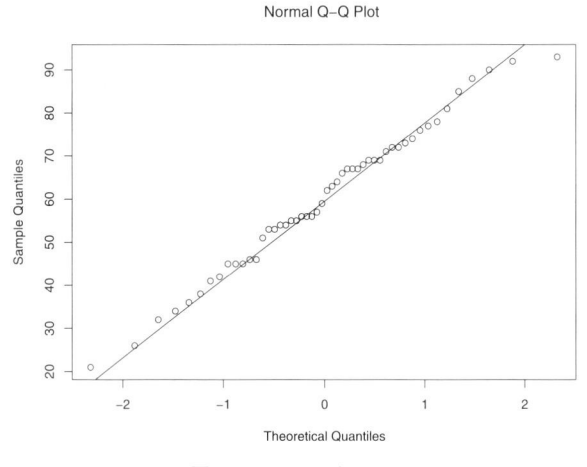

図 2.8 Q-Q プロット

2.5 多変数の確率分布

1.4 節では，身長と体重を同時に観測し，散布図を描いた．これは，身長 x

と体重 y の2つの確率変数を同時に観測している．このように，2つ以上の変数を同時に考えた確率分布を**同時分布**という．

(1) 多変数離散型確率変数

確率変数 x, y がそれぞれ，離散値 $x_1, x_2, \ldots, x_n$ および $y_1, y_2, \ldots, y_n$ をとるとき，すべての (i, j) の組について，$x = x_i, y = y_j$ となる確率を $\Pr\{x = x_i, y = y_j\} = p_{ij}$ と書く．そして，

$$\left. \begin{array}{l} \Pr\{x = x_i\} = \sum_{j=1}^{n} p_{ij}, \quad i = 1, 2, \ldots, n \\ \Pr\{y = y_j\} = \sum_{i=1}^{n} p_{ij}, \quad j = 1, 2, \ldots, n \end{array} \right\} \quad (2.36)$$

をそれぞれ確率変数 x および y の**周辺分布** (marginal distribution) という．

例題 2.11 番号 1, 2, 3, 4 と書かれた4枚のカードがある．続けて2枚を抽出するとき，最初の番号を x，2枚目の番号を y とする（ただし，最初に取り出したカードは元に戻さない）．このとき，

i) 最初のカードの番号が 3, 2回目のカードの番号が 2 になる確率を求めよ．

ii) 最初のカードの番号が 3 以下，2回目の番号が 2 以下になる確率を求めよ．

【解答】 i) 最初のカードの番号が 3 である確率は 1/4 で，2回目のそれが 2 になる確率は 1/3 である．よって，

$$\Pr\{x = 3, y = 2\} = \frac{1}{4} \times \frac{1}{3} = \frac{1}{12}$$

となる．x, y の種々の組合せが得られる確率は下記のようになる．

$x \backslash y$	1	2	3	4	計
1	0	1/12	1/12	1/12	1/4
2	1/12	0	1/12	1/12	1/4
3	1/12	1/12	0	1/12	1/4
4	1/12	1/12	1/12	0	1/4
計	1/4	1/4	1/4	1/4	1.0

ii) $\Pr\{x \leq 3, y \leq 2\} = 1/12 + 1/12 + 1/12 + 1/12 = 1/3$ を得る.
(x, y) の同時分布に対して

$$\Pr\{x = x_i, y = y_j\} = \Pr\{x = x_i\} \Pr\{y = y_j\} \tag{2.37}$$

となるとき, x と y は**独立**になる.

例題 2.12 例題 2.11 において, x と y は独立ではないことを示せ.

【解答】 例えば, $x = 2$, $y = 3$ となる確率は $1/12$ であった. ところが $\Pr\{x = 2\} = 1/4$, $\Pr\{y = 3\} = 1/4$ より, $\Pr\{x = 2, y = 3\} \neq \Pr\{x = 2\} \times \Pr\{y = 3\}$ である.

2 つの確率変数 x, y について, $E[x] = \mu_x$, $E[y] = \mu_y$ とおけば, x と y の**共分散** (covariance) は

$$Cov[x, y] = E[(x - \mu_x)(y - \mu_y)] \tag{2.38}$$

と定義される.

【定理 2.6】 共分散は

$$Cov[x, y] = E[xy] - E[x]E[y] \tag{2.39}$$

となる.

【定理 2.7】 2 つの確率変数 x, y について

$$Var[x + y] = Var[x] + Var(y) + 2Cov[x, y] \tag{2.40}$$

となる. 一般に, 確率変数 $x_1, x_2, \ldots, x_n$ が互いに独立なら, 任意の定数 $a_0, a_1, \ldots, a_n$ について

$$\begin{aligned}&Var[a_0 + a_1 x_1 + a_2 x_2 + \cdots + a_n x_n] \\ &= a_1^2 Var[x_1] + a_2^2 Var[x_2] + \cdots + a_n^2 Var[x_n]\end{aligned} \tag{2.41}$$

が成り立つ.

多変数離散型確率分布の代表が**多項分布** (multinomial distribution) である. 2.4 節のベルヌーイ試行では, 1 回の試行の結果が 0（成功）, 1（不成功）

の 2 種類しかなかったが，それが k 通りある場合を考える．その k 通りが起こる確率を $\pi_1, \pi_2, \ldots, \pi_k$（ただし，$\sum_{i=1}^{k} \pi_i = 1$）とすると，それぞれの結果が $x_1, x_2, \ldots, x_k$ 回起こる確率は

$$\left. \begin{array}{l} f(x_1, x_2, \ldots, x_k) = \dfrac{n!}{x_1! x_2! \cdots x_k!} \pi_1^{x_1} \pi_2^{x_2} \cdots \pi_k^{x_k} \\[2mm] x_i \geq 0 \ (i = 1, 2, \ldots, k), \quad \sum_{i=1}^{k} x_i = n \end{array} \right\} \tag{2.42}$$

となる．これを，多項分布と呼ぶ．x_i の平均，分散，共分散は

$$\left. \begin{array}{l} E[x_i] = n\pi_i \\ Var[x_i] = n\pi_i(1 - \pi_i) \\ Cov[x_i, x_j] = E[x_i x_j] - E[x_i]E[x_j] = -n\pi_i \pi_j \end{array} \right\} \tag{2.43}$$

で与えられる．

(2) 多変数連続型確率変数

2 つの確率変数 x, y の組 (x, y) が連続値をとるとき，連続型同時確率分布 $f(x, y)$ を考える．$a \leq x \leq b$ かつ $c \leq y \leq d$ となる確率は

$$\Pr\{a \leq x \leq b, c \leq y \leq d\} = \int_a^b \int_c^d f(x, y) \, \mathrm{d}x \, \mathrm{d}y \tag{2.44}$$

で与えられ，

$$\left. \begin{array}{l} f(x, y) \geq 0 \\ \int_{-\infty}^{+\infty} \int_{-\infty}^{+\infty} f(x, y) \, \mathrm{d}x \, \mathrm{d}y = 1 \end{array} \right\} \tag{2.45}$$

となる．ここでも，周辺分布を定義する．確率変数 x が，$a \leq x \leq b$ となる確率は

$$\begin{aligned} \Pr\{a \leq x \leq b\} &= \Pr\{a \leq x \leq b, -\infty \leq y \leq +\infty\} \\ &= \int_a^b \int_{-\infty}^{+\infty} f(x, y) \, \mathrm{d}x \, \mathrm{d}y = \int_a^b \left\{ \int_{-\infty}^{+\infty} f(x, y) \, \mathrm{d}y \right\} \mathrm{d}x \end{aligned} \tag{2.46}$$

である．$g(x) = \int_{-\infty}^{+\infty} f(x,y)\,\mathrm{d}y$ とおくと

$$\Pr\{a \leq x \leq b\} = \int_a^b g(x)\,\mathrm{d}x \tag{2.47}$$

となるから，$g(x)$ は x の周辺（確率）密度関数である．この $g(x)$ を同時確率分布 $f(x,y)$ の**周辺分布**という．同様に，y の周辺分布

$$h(y) = \int_{-\infty}^{+\infty} f(x,y)\,\mathrm{d}x \tag{2.48}$$

を定義する．

(x,y) の同時密度関数が，x の周辺密度関数 $g(x)$ と，y の周辺密度関数 $h(y)$ との積

$$f(x,y) = g(x)h(y) \tag{2.49}$$

で与えられるとき，x と y は独立である．また，多変数離散型確率変数に関する定理 2.6, 2.7 は，多変数連続型確率変数についても成り立つ．

【定理 2.8】 確率変数 x, y が互いに独立で，それぞれ積率母関数 $M_x(a)$, $M_y(a)$ をもつ．このとき，$z = x + y$ の積率母関数は

$$M_z(a) = M_x(a) \times M_Y(a) \tag{2.50}$$

で与えられる．

【定理 2.9】 2つの独立な確率変数 x, y がそれぞれ正規分布 $N(\mu_1, \sigma_1^2)$, $N(\mu_2, \sigma_2^2)$ に従うとき，$z = x + y$ は正規分布 $N(\mu_1 + \mu_2, \sigma_1^2 + \sigma_2^2)$ に従う．

2.6 標本平均の確率分布

ある確率分布に従う確率変数 x から，無作為標本 $x_1, x_2, \ldots, x_n$ が得られたとき，$\bar{x} = \sum_{i=1}^{n} x_i/n$ を標本平均，確率変数 x の期待値 $\mu = E[x]$ を母平均と呼んだ．このとき，正規分布に従う確率変数の標本平均に関し，次の定理が成り立つ．

【定理 2.10】 母平均 μ, 母分散 σ^2 の正規分布 $N(\mu, \sigma^2)$ から, 大きさ n の無作為標本 $x_1, x_2, \ldots, x_n$ が得られたとき, 標本平均 $\bar{x}$ は $N(\mu, \sigma^2/n)$ の正規分布に従う. この σ^2/n の推定量は V/n でその平方根 $\sqrt{V/n}$ を**標準誤差**と呼ぶ.

さらに, 任意の分布に従う確率変数の標本平均 $\bar{x}$ と母平均 μ との関係を示す極限定理 ($n \to \infty$ のとき成立する定理) が**大数の法則** (law of large number) と**中心極限定理** (central limit theorem) である.

【定理 2.11】 無作為標本 $x_1, x_2, \ldots, x_n$ が得られたとき, $E(x_i) = \mu$, $Var(x_i) = \sigma^2$ $(i = 1, 2, \ldots, n)$ なら,

$$E[\bar{x}] = \mu, \quad Var[\bar{x}] = \frac{\sigma^2}{n} \tag{2.51}$$

$$E[x_i - \bar{x}] = 0, \quad Var[x_i - \bar{x}] = \frac{n-1}{n}\sigma^2 \tag{2.52}$$

が成り立つ.

次に, 分布のバラツキに関する**チェビシェフ** (Tchebychev) **の不等式**がある. それは, 確率変数 x の母平均を μ, 母分散を σ^2 とするとき, 任意の正数 k に対して

$$\Pr\{|x - \mu| \geq k\sigma\} \leq 1/k^2 \tag{2.53}$$

となる. すなわち, 母平均からの x の偏差の絶対値 $|x - \mu|$ が標準偏差 σ の k 倍より大きくなる確率は $1/k^2$ よりも小さい. 例えば, $k = 2$ とすると, $|x - \mu|$ が 2σ を越える確率は $1/2^2 = 0.25$ 以下である.

このチェビシェフの不等式を用いると, 無作為標本 $x_1, x_2, \ldots, x_n$ の大きさ n が十分大きいとき, 次の**大数の法則**が成り立つ.

【定理 2.12（大数の法則）】 母平均 μ, 母分散 σ^2 の任意の母集団から, 大きさ n の無作為標本が抽出されたとき, 標本平均を $\bar{x}$ とする. $n \to \infty$ なら任意の正数 ε に対し

$$\Pr\{|\bar{x} - \mu| \geq \varepsilon\} \to 0 \tag{2.54}$$

が成り立つ. すなわち, n が大きくなれば, $\bar{x}$ は母平均 μ に確率的に収束する.

2.6 標本平均の確率分布

定理 2.11 より，任意の確率分布に従う無作為標本 $x_1, x_2, \ldots, x_n$ が得られたとき，$E[x_i] = \mu$, $Var[x_i] = \sigma^2$ とすると，$\bar{x} = \sum_{i=1}^{n} x_i/n$ について，$E[\bar{x}] = \mu$, $Var[\bar{x}] = \sigma^2/n$ であった．さらに，$\bar{x}$ の期待値と分散だけでなく，$\bar{x}$ の確率分布も明確にするのが，次の**中心極限定理**である．

【定理 2.13（中心極限定理）】 無作為標本 $x_1, x_2, \ldots, x_n$ について

$$E[x_i] = \mu, \quad Var[x_i] = \sigma^2, \quad i = 1, 2, \ldots, n \tag{2.55}$$

のとき，$n \to \infty$ なら

$$u = \frac{\bar{x} - \mu}{\sqrt{\sigma^2/n}} \tag{2.56}$$

は，近似的に正規分布 $N(0, 1^2)$ に従う．すなわち，$\bar{x}$ は近似的に平均 μ，分散 σ^2/n の正規分布に従う．

中心極限定理は，確率変数 x_i が同一分布に従うことのみが前提とされており，その分布型についてはいかなる仮定もおかれていない．特に，定理 2.10 より，x_i が正規分布に従うなら，n の大きさに関係なく標本平均 $\bar{x}$ は $\bar{x} \sim N(\mu, \sigma^2/n)$ になる．

第3章

統計的推測(推定・検定)

母集団からの無作為標本として得られるデータを利用し，母集団について統計的推測を行う．統計的推測には，**推定** (estimation) と**検定** (test) の2つがある．推定とは，母平均や母分散などの値を探ることである．検定とは，あるパラメータについて，帰無仮説と対立仮説を設定し，いずれが妥当かをデータに基づいて判定する方法である．

3.1 推 定

(1) 点推定

未知パラメータ θ をもつ母集団に対し，大きさ n の無作為標本 $x_1, x_2, \ldots, x_n$ から構成した統計量 $\hat{\theta} = \hat{\theta}(x_1, x_2, \ldots, x_n)$ を θ の**点推定量** (point estimator) と呼ぶ．θ に対する点推定量 $\hat{\theta}$ は，**平均平方誤差** (mean square error)

$$E\left[\left(\hat{\theta} - \theta\right)^2\right] = Var\left(\hat{\theta}\right) + \left[\theta - E(\hat{\theta})\right]^2 \tag{3.1}$$

が最小になることが望ましい．また，(3.1) 式における $\theta - E(\hat{\theta})$ を推定量 $\hat{\theta}$ の**偏り** (bias) という．

平均平方誤差 (3.1) 式が最小になる $\hat{\theta}$ の形を求めるのは困難なことが多い．そのため，望ましい性質として，次のような規準が考えられる．

① **不偏性**

統計量 $\hat{\theta}$ の期待値が推定したい未知パラメータ θ に一致する，すなわち

$$E[\hat{\theta}] = \theta \tag{3.2}$$

なら，$\hat{\theta}$ を θ の**不偏** (unbiased) **推定量**（偏りのない推定量）という．

母平均 μ，母分散 σ^2 の母集団から大きさ n の無作為標本 $x_1, x_2, \ldots, x_n$ が得られたとき，

i) $\bar{x} = \sum\limits_{i=1}^{n} x_i/n$ は，平均 μ の不偏推定量，すなわち $E[\bar{x}] = \mu$ となる．

ii) $V = \sum\limits_{i=1}^{n} (x_i - \bar{x})^2/(n-1)$ は，分散 σ^2 の不偏推定量，すなわち $E[V] = \sigma^2$ となる．

ゆえに，$V = S/(n-1)$ が**不偏分散**と呼ばれる．例えば，x が二項分布 $B(n, \pi)$ に従うとき，x/n は π の不偏推定量になる．

② **一致性**

無作為標本の大きさ n が $n \to \infty$ のとき，$\hat{\theta} = \hat{\theta}(x_1, x_2, \ldots, x_n)$ が未知パラメータ θ に収束する，すなわち

$$\lim_{n \to \infty} E\left[\left(\hat{\theta} - \theta\right)^2\right] = \lim_{n \to \infty} \left[Var[\hat{\theta}] + \left\{\theta - E[\hat{\theta}]\right\}\right] = 0 \tag{3.3}$$

なら，$\hat{\theta}$ を θ の**一致** (consistent) **推定量**という．

定理 2.11 より $\bar{x} \sim N(\mu, \sigma^2/n)$ であるから，$n \to \infty$ のとき，$\sigma^2/n \to 0$ を得る．よって，$Var[\bar{x}] = 0$, $E[\bar{x}] = \mu$ より，(3.3) 式は

$$\lim_{n \to \infty} E\left[(\bar{x} - \mu)^2\right] = \lim_{n \to \infty} [Var(\bar{x}) + \{E[\bar{x}] - \mu\}] = 0$$

となり，$\bar{x}$ は，母平均 μ の一致推定量である．

③ **有効性**

θ の推定量 $\hat{\theta}$ を求めるとき，(3.1) 式において，まず不偏性 $E[\hat{\theta}] = \theta$ を満たし，その中で $Var[\hat{\theta}]$ が最小な推定量が望ましい．このような推定量を探すには次の**クラメール - ラオ** (Cramér-Rao) **の不等式**を用いる．大きさ n の無作為標本 $x_1, x_2, \ldots, x_n$ が，未知パラメータ θ をもつ確率分布 $f(x; \theta)$ に従

うとき, $\hat{\theta} = \hat{\theta}(x_1, x_2, \ldots, x_n)$ を θ の不偏推定量とする. ある正則条件のもとで, 任意の不偏推定量 $\hat{\theta}$ に対し, クラメール-ラオの不等式

$$Var[\hat{\theta}] \geq \frac{1}{nE\left[\left(\dfrac{\partial \ln(x;\theta)}{\partial \theta}\right)^2\right]} \tag{3.4}$$

が成り立つ. (3.4) 式の

$$E\left[\left(\dfrac{\partial \ln f(x;\theta)}{\partial \theta}\right)^2\right] \equiv I(\theta) \tag{3.5}$$

を**フィッシャーの情報量** (Fisher *I*nformation) という.
(3.4) 式で

$$Var[\hat{\theta}] = \frac{1}{n\,I(\theta)} \tag{3.6}$$

を満たす推定量 $\hat{\theta}$ を θ の**有効** (efficient) **推定量**といい, $1/\{n\,I(\theta)\}$ を**クラメール - ラオの限界**と呼ぶ. (3.4) 式は, 任意の不偏推定量 $\hat{\theta}$ の分散が $1/\{n\,I(\theta)\}$ 以上であることを示しているから, (3.6) 式を満たす $\hat{\theta}$ を探せば, その推定量の分散が最小になる. 未知パラメータが複数個ある場合のフィッシャーの情報量 I の (i,j) 要素は

$$I_{ij} = -E\left[\dfrac{\partial^2 \ln f(x;\boldsymbol{\theta})}{\partial \theta_i \partial \theta_j}\right] \tag{3.7}$$

で与えられる.

例えば, 例題 3.1 において, $\bar{x}$ は μ の不偏推定量になったが, (3.7) 式を用いると, それは有効推定量でもあることを示すことができる. すなわち, 定理 2.11 より, $Var[\bar{x}] = \sigma^2/n$ であるから, $1/\{n\,I(\theta)\}$ が σ^2/n になることをいえばよい. そのため, クラメール-ラオの限界 $1/\{n\,I(\theta)\}$ を求める.

$$f(x;\mu,\sigma^2) = \frac{1}{\sqrt{2\pi}\sigma}e^{-\frac{(x-\mu)^2}{2\sigma^2}}$$

より

$$\ln f(x;\mu,\sigma^2) = -\ln\left(\sqrt{2\pi}\sigma\right) - \frac{(x-\mu)^2}{2\sigma^2}$$

であるから

$$\frac{\partial \ln f(x;\mu,\sigma^2)}{\partial \mu} = \frac{x-\mu}{\sigma^2}$$

となる．よって，

$$E\left[\left(\frac{\partial \ln f(x;\mu,\sigma^2)}{\partial \mu}\right)^2\right] = E\left[\left(\frac{x-\mu}{\sigma^2}\right)^2\right]$$
$$= E\left[(x-\mu)^2\right]/\sigma^4 = Var(x)/\sigma^4 = 1/\sigma^2$$

を得,

$$Var[\bar{x}] = \frac{1}{n\,I(\theta)} = \sigma^2/n$$

となる．

(2) 区間推定

大きさ n の無作為標本 $x_1, x_2, \ldots, x_n$ から

$$\Pr\left\{\hat{\theta}_L(x_1,x_2,\ldots,x_n) \le \theta \le \hat{\theta}_U(x_1,x_2,\ldots,x_n)\right\} = 1-\alpha \qquad (3.8)$$

を満たす2つの統計量 $\hat{\theta}_L(x_1,x_2,\ldots,x_n)$, $\hat{\theta}_U(x_1,x_2,\ldots,x_n)$ を構成する．このとき，$\hat{\theta}_L(x_1,x_2,\ldots,x_n)$ および $\hat{\theta}_U(x_1,x_2,\ldots,x_n)$ を $100(1-\alpha)\%$ **信頼限界**と呼び，区間 $[\hat{\theta}_L(x_1,x_2,\ldots,x_n), \hat{\theta}_U(x_1,x_2,\ldots,x_n)]$ を θ の $100(1-\alpha)\%$ **信頼区間** (confidence interval) という．

例題 3.1 母分散 σ^2 が既知のとき，母平均 μ の $100(1-\alpha)\%$ 信頼区間を求めよ．

【解答】 $\bar{x}$ を $u = \dfrac{\bar{x}-\mu}{\sigma/\sqrt{n}}$ と標準化すると，

$$\Pr\left\{-u(\alpha/2) \le u \le u(\alpha/2)\right\} = 1-\alpha$$

となる．よって

$$\bar{x} - u(\alpha/2)\frac{\sigma}{\sqrt{n}} \le \mu \le \bar{x} + u(\alpha/2)\frac{\sigma}{\sqrt{n}}$$

より，μ の

$$100(1-\alpha)\%信頼区間 : \left[\bar{x} - u(\alpha/2)\frac{\sigma}{\sqrt{n}}, \bar{x} + u(\alpha/2)\frac{\sigma}{\sqrt{n}}\right] \quad (3.9)$$

を得る．

例題 3.2 ある製品の熱処理後の強度（単位略）が，22.5 になるように設定してあったが，最近，熱処理機が故障したため修理した．その後，従来の強度が保たれているかを調べるため，10 個の無作為標本をとったところ，表 3.1 の結果を得た．このデータから，母平均の 95% 信頼区間を求めよ．ただし，分散は故障前の $\sigma^2 = 1.0$ （既知）とする．

表 3.1　製品の強度（単位略）

22.3	24.6	23.7	21.1	22.6	22.9	21.3	22.8	23.3	22.4

【解答】 $\bar{x} = 22.7$, $u(0.05/2) = 1.960$, $\sigma = 1.0$ を (3.9) 式へ代入すると μ の 95% 信頼区間 $[22.08, 23.32]$ を得る．

R プログラム

```
# 例題3.2
>x<-c(22.3,24.6,23.7,21.1,22.6,22.9,21.3,22.8,23.3,22.4)
>n<-length(x)
>xm<-mean(x)
>q<-qnorm(1-0.05/2)*1/sqrt(n)
>low<-xm-q       # 95%信頼区間    下限
>upp<-xm+q       # 95%信頼区間    上限
>(CI<-c(low,upp))
```

を採用すると

```
[1] 22.0802 23.3198   : 95%信頼区間の下限と上限
```

が求まる．

(3) 最尤法

無作為標本 $x_1, x_2, \ldots, x_n$ に関する同時確率を $f(x_1, x_2, \ldots, x_n; \theta)$ と書く．

ここで，$x_1, x_2, \ldots, x_n$ を固定し，θ を変数と考え，

$$L(\theta) = L(\theta; x_1, x_2, \ldots, x_n) = f(x_1, x_2, \ldots, x_n; \theta) \tag{3.10}$$

と書く．これを**尤度関数** (likelihood function) と呼ぶ．また，

$$l(\theta) = l(\theta; x_1, x_2, \ldots, x_n) = \ln L(\theta; x_1, x_2, \ldots, x_n) \tag{3.11}$$

を**対数尤度関数**という．この $L(\theta; x_1, x_2, \ldots, x_n)$ あるいは $l(\theta; x_1, x_2, \ldots, x_n)$ が最大になる θ の値を**最尤推定量** MLE ($Maximum\ Likelihood\ Estimator$) と呼び，$\hat{\theta}$ で示す．未知パラメータ θ が $\hat{\theta}$ のとき，実際に得られる標本が最も生じやすい．すなわち，最尤法とは，その標本の生ずる確率が「最も尤らしい」パラメータ θ の値 $\hat{\theta}$ を求めている．

特に，確率変数 $x_1, x_2, \ldots, x_n$ が独立なら，

$$f(x_1, x_2, \ldots, x_n; \theta) = f(x_1; \theta) f(x_2; \theta) \cdots f(x_n; \theta) \tag{3.12}$$

となる．よって，(3.10)，(3.11) 式はそれぞれ

$$L(\theta; x_1, x_2, \ldots, x_n) = f(x_1; \theta) f(x_2; \theta) \cdots f(x_n; \theta) \tag{3.13}$$

および

$$l(\theta; x_1, x_2, \ldots, x_n) = \sum_{i=1}^{n} \ln f(x_i; \theta) \tag{3.14}$$

と書ける．

例題 3.3 母平均 μ，母分散 σ^2 の正規母集団 $N(\mu, \sigma^2)$ から，大きさ n の無作為標本 $x_1, x_2, \ldots, x_n$ が得られたとき，μ と σ^2 の MLE を求めよ．

【解答】 正規母集団 $N(\mu, \sigma^2)$ の確率密度関数は

$$f(x) = \frac{1}{\sqrt{2\pi}\sigma} e^{-\frac{(x-\mu)^2}{2\sigma^2}}$$

であるから，(3.14) 式の対数尤度関数は

$$\begin{aligned} l(\mu, \sigma^2; x_1, x_2, \ldots, x_n) &= \sum_{i=1}^{n} \ln f(x_i) \\ &= -\frac{n}{2} \ln(2\pi) - n \ln \sigma - \frac{1}{2\sigma^2} \sum_{i=1}^{n} (x_i - \mu)^2 \end{aligned}$$

と書ける．
$$\frac{\partial l}{\partial \mu} = \frac{\partial l}{\partial \sigma} = 0$$
より
$$\frac{\partial l}{\partial \mu} = -\frac{1}{2\sigma^2}\sum_{i=1}^{n}2(x_i-\mu)\times(-1) = 0$$
$$\frac{\partial l}{\partial \sigma} = -n\frac{1}{\sigma} + \frac{1}{\sigma^3}\sum_{i=1}^{n}(x_i-\mu)^2 = 0$$

の解が，μ, σ^2 の MLE である．ゆえに，μ, σ^2 の MLE は，それぞれ
$$\hat{\mu} = \sum_{i=1}^{n}x_i/n = \bar{x}$$
$$\hat{\sigma}^2 = \sum_{i=1}^{n}(x_i-\bar{x})^2/n$$

で与えられる．

この例題からもわかるように，σ^2 の $MLE\hat{\sigma}^2$ は $E(\hat{\sigma}^2) \neq \sigma^2$ である．よって，MLE は必ずしも不偏推定量にならない．

例題 3.4 例題 3.3 において，2つの未知パラメータ μ, σ^2 に関するフィッシャーの情報量を求めよ．

【解答】 (3.7) 式より
$$I_{11} = -E\left[\frac{\partial^2 \ln f(x;\mu,\sigma^2)}{\partial \mu^2}\right] = \frac{n}{\sigma^2}$$
$$I_{12} = -E\left[\frac{\partial^2 \ln f(x;\mu,\sigma^2)}{\partial \mu \partial \sigma^2}\right] = -nE\left[\frac{x_i-\mu}{\sigma^2}\right] = 0$$
$$I_{22} = -E\left[\frac{\partial^2 \ln f(x;\mu,\sigma^2)}{(\partial \sigma^2)^2}\right] = nE\left[\frac{(x_i-\mu)^2}{\sigma^6} - \frac{1}{2\sigma^4}\right] = \frac{n}{2\sigma^4}$$

を得，
$$\boldsymbol{I} = \begin{bmatrix} \sigma^2/n & 0 \\ 0 & n/(2\sigma^4) \end{bmatrix}$$

となる．

次に，二項分布に従う母不良率を最尤法で推定してみよう．n 個の製品を製造し，良・不良を判定したとき，i 番目の製品が良なら $0(y_i=0)$，不良なら $1(y_i=1)$ という確率変数を y_i とすると，尤度関数は

$$L(\theta; y_1, y_2, \ldots, y_n) = f(y_1; \theta)f(y_2; \theta) \cdots f(y_n; \theta)$$
$$= \pi^{\sum y_i}(1-\pi)^{n-\sum y_i} \tag{3.15}$$

となる．ただし，母不良率を π としたとき

$$f(y_i) = \pi^{y_i}(1-\pi)^{1-y_i} \tag{3.16}$$

とする．

n 個の製品中の不良品の個数 x は $x = \sum_{i=1}^{n} y_i$ となる．$P = x/n$ を**標本不良率**という．ここで，未知 π の MLE を求めるには，(3.15) 式の対数値

$$\ln L(\theta; y_1, y_2, \ldots, y_n) = \left(\sum_{i=1}^{n} y_i\right) \ln \pi + \left(n - \sum_{i=1}^{n} y_i\right) \ln(1-\pi) \tag{3.17}$$

を π で偏微分すると

$$\frac{\partial \ln L(\theta; y_1, y_2, \ldots, y_n)}{\partial \pi} = \frac{\sum_{i=1}^{n} y_i}{\pi} - \frac{n - \sum_{i=1}^{n} y_i}{1-\pi} \tag{3.18}$$

を得る．(3.18) 式の右辺を 0 とおき，π について解くと π の MLE

$$\hat{\pi} = P = x/n \tag{3.19}$$

が得られる．母不良率の MLE は標本不良率となる．

未知パラメータ θ の MLE $\hat{\theta}$ の分布に関し，次の定理が成り立つ．

【定理 3.1】 未知パラメータ θ をもつ確率分布 $f(x; \theta)$ に従う母集団から，大きさ n の無作為標本 $x_1, x_2, \ldots, x_n$ が得られたとする．この θ の MLE $\hat{\theta}$ は，$f(x; \theta)$ がある正則条件を満たすとき，$n \to \infty$ なら

$$\sqrt{n}\left(\hat{\theta} - \theta\right) \sim N(0, 1/I(\theta)) \tag{3.20}$$

となる．

3.2 検 定

母分散 σ^2 が既知の正規分布 $N(\mu, \sigma^2)$ に従う母集団から,大きさ n の無作為標本 $x_1, x_2, \ldots, x_n$ が得られたとする.標本平均 $\bar{x} = \sum_{i=1}^{n} x_i/n$ を用い,母平均 μ の値が,ある特定の値 μ_0 に等しいかどうかを調べる.そこで,$\mu = \mu_0$ という仮説を設定する.これを,**帰無仮説** (null hypothesis) といい

$$H_0 : \mu = \mu_0 \tag{3.21}$$

と書く.

帰無仮説 H_0 が正しい(真)なら,定理 2.10 より

$$\bar{x} \sim N(\mu_0, \sigma^2/n) \tag{3.22}$$

となる.帰無仮説が真のとき,$u = \dfrac{\bar{x} - \mu_0}{\sigma/\sqrt{n}}$ は標準正規分布 $N(0, 1^2)$ に従い,(3.8) 式から

$$\Pr\{-u(\alpha/2) \leq u \leq u(\alpha/2)\} = 1 - \alpha \tag{3.23}$$

であった.よって,(3.23) 式の余事象

$$A = \left(\frac{\bar{x} - \mu_0}{\sigma/\sqrt{n}} \geq u(\alpha/2)\right) \cup \left(\frac{\bar{x} - \mu_0}{\sigma/\sqrt{n}} \leq -u(\alpha/2)\right) \tag{3.24}$$

を考えると,A が起こる確率は α となる.これを

$$\Pr\{A \mid \mu = \mu_0\} \tag{3.25}$$

と書く.$\mu = \mu_0$ のもとで A が起こる条件付き確率が α である.すなわち,帰無仮説 $H_0 : \mu = \mu_0$ が真なら,$u_0 = \dfrac{\bar{x} - \mu_0}{\sigma/\sqrt{n}} \geq u(\alpha/2)$ または $u_0 = \dfrac{\bar{x} - \mu_0}{\sigma/\sqrt{n}} \leq -u(\alpha/2)$ となる確率が,α である.α を 0.01 または 0.05 のような小さな値に設定すれば,このような現象は,稀にしか起こらないことになる.逆にいえば,$u_0 = \dfrac{\bar{x} - \mu_0}{\sigma/\sqrt{n}}$ が $u_0 \geq u(\alpha/2)$ または $u_0 \leq -u(\alpha/2)$ になったときは,この稀にしか起りえない現象が起きたため,帰無仮説が疑われることになり,帰無仮説を捨てる(**棄却**する,reject).そして,帰無仮説に替わる**対立仮説** (altenative hypothesis) $H_1 : \mu \neq \mu_0$ を妥当とみなす.

一方，$|u_0| \leq u(\alpha/2)$ なら，H_0 を棄却できず，(有意な) 差を立証できなかったことになる．検定に用いる u_0 などの統計量を**検定統計量** (test statistic)，α を**有意水準** (level of significance)，(3.24) 式の領域 A などを帰無仮説 H_0 の**棄却域** (critical region) という．ここで示したように，対立仮説として $H_1 : \mu \neq \mu_0$ とおき，棄却域を両側に設ける検定を**両側検定** (two-sided test) と呼ぶ．これに対して，対立仮説として，$H_1 : \mu < \mu_0$ または $\mu > \mu_0$ とし，棄却域を一方のみに設定する検定を**片側検定** (one-sided test) という．

例題 3.5 例題 3.2 のデータについて，従来の強度が保たれているかを $\alpha = 0.05$ で検定せよ．ただし，製品の強度は正規分布に従い，分散は故障前の $\sigma^2 = 1.0$（既知）とする．

【解答】 平均値を求めておき，次の手順で検定する．

手順 1　帰無仮説 $H_0 : \mu = \mu_0 = 22.5$
　　　　対立仮説 $H_1 : \mu \neq \mu_0$

を設定する．

手順 2　有意水準 $\alpha = 0.05$ とする．

手順 3　棄却域 $|u_0| \geq u(0.05/2) = 1.9600$ となる．

手順 4　$u_0 = \dfrac{\bar{x} - \mu_0}{\sigma/\sqrt{n}} = \dfrac{22.70 - 22.5}{1.0/\sqrt{10}} = 0.632$ となる．

手順 5　$u_0 = 0.632 < 1.9600$ より帰無仮説は棄却されない．

u_0 の両側確率の p 値を加えた R プログラム

```
# 例題3.5
>x<-c(22.3,24.6,23.7,21.1,22.6,22.9,21.3,22.8,23.3,22.4)
>n<-length(x)
>xm<-mean(x)
>(u0<-(xm-22.5)/(1.0/sqrt(n)))  # u(p)値
>(up<-(1-pnorm(u0))*2)          # 両側確率p値
```

を採用すると

```
> (u0<-(xm-22.5)/(1.0/sqrt(n))) # u(p)値
[1] 0.6324555
> (up<-(1-pnorm(u0))*2)          # 両側確率p値
[1] 0.5270893
```

が求まる．

例題 3.5 の場合，帰無仮説 H_0 は棄却されなかった．しかし，これは $n=10$ 個の無作為標本から得られた結果であり，帰無仮説 $H_0 : \mu = 22.5$ が真にもかかわらず，(3.24) 式の余事象

$$A = \left(\frac{\bar{x} - \mu_0}{\sigma/\sqrt{n}} \geq 1.9600 \right) \cup \left(\frac{\bar{x} - \mu_0}{\sigma/\sqrt{n}} \leq -1.9600 \right)$$

が起こることもありうる．しかし，その確率は小さく 5% 以下である．帰無仮説 H_0 が真にもかかわらず，誤ってそれを棄却してしまう誤りを**第 I 種の誤り** (error of the first kind) という．

さて，μ の真の値が μ_0 でなく μ_1 ($\neq \mu_0$) であった（すなわち，対立仮説が正しい）にもかかわらず，余事象 A が起こらなかったからといって，帰無仮説 $H_0 : \mu = \mu_0$ が妥当であるとしてよいだろうか．このように，対立仮説 H_1 が真であるにもかかわらず，それを見逃す誤りを**第 II 種の誤り** (error of the second kind) といい，β と書く．逆に，対立仮説が真のとき間違いなく検出し，有意であると主張する確率は $1 - \beta$ で，これを**検出力** (power) という．これらを要約すると表 3.2 のようになる．

表 **3.2** 仮説検定の 2 種類の誤り（両側仮説の場合）

		検定結果	
		H_0 を棄却 （事象 A が生起）	H_0 を棄却できない （事象 $\bar{A}$ が生起）
真実	$H_0 : \mu = \mu_0$	第 I 種の誤り α	正しい検定 $1 - \alpha$
	$H_0 : \mu \neq \mu_0$	正しい検定（検出力） $1 - \beta$	第 II 種の誤り β

第4章

正規母集団に関する推測

　計量値は，正規分布を前提として解析されることが多い．ここでは，正規母集団からの無作為標本について，母分散，母平均の推定と検定に関する基礎理論と応用について述べる．

4.1　1つの母分散の推定と検定

(1) 推　定

　正規分布 $N(\mu, \sigma^2)$ に従う母集団から，大きさ n の無作為標本 $x_1, x_2, \ldots, x_n$ が得られたとき，母分散 σ^2 の点推定量は，不偏分散 V を用い

$$\hat{\sigma}^2 = V = \frac{S}{n-1} = \frac{1}{n-1}\sum_{i=1}^{n}(x_i - \bar{x})^2 \tag{4.1}$$

とする．この σ^2 の信頼区間を求めるには，S/σ^2 の分布が必要になる．

　標準正規分布 $N(0, 1^2)$ からとられた大きさ n の無作為標本 $u_1, u_2, \ldots, u_n$ について

$$\chi^2 = u_1^2 + u_2^2 + \cdots + u_n^2 \tag{4.2}$$

の分布 $f(\chi^2)$ は

$$f(\chi^2) = \begin{cases} \dfrac{\mathrm{e}^{-\frac{1}{2}\chi^2}(\chi^2)^{\frac{n}{2}-1}}{2^{\frac{n}{2}}\varGamma\left(\dfrac{n}{2}\right)}, & \chi^2 > 0 \\ 0, & \chi^2 \leq 0 \end{cases} \tag{4.3}$$

で与えられる．ここに

$$\varGamma(k) = \int_0^\infty x^{k-1}\mathrm{e}^{-x}\,\mathrm{d}x \quad (k > 0) \tag{4.4}$$

はガンマ関数で，

$$\varGamma(k+1) = u\varGamma(k), \quad \varGamma(1/2) = \sqrt{\pi} \tag{4.5}$$

となる．

(4.3) 式の分布を**自由度** (degree of freedom)n の**カイ2乗分布** (chi-square distribution) と呼ぶ．$f(\chi^2)$ の n は，和をとった確率変数の個数，すなわち (4.2) 式の χ^2 は n 個の自由に動かしうる確率変数の和であり，自由度とはその個数を示す．

R プログラム

```
# χ2乗分布
>curve(dchisq(x,1),from=0,to=20,lty=1,xlab="Z",ylab="Tn(Z)",
ylim=c(0,0.8))  #  自由度1のχ2乗分布，横軸，縦軸のラベル，縦軸の目盛
>abline(h=0)    # 縦軸のベースライン
>curve(dchisq(x,3),add=T,lty=2 )       # 自由度3
>curve(dchisq(x,5),add=T,lty=3)        # 自由度5
>curve(dchisq(x,7),add=T,lty=4)        # 自由度7
>legend(x=15,y=0.8,lty=c(1,2,3,4), legend=c("n=1","n=3","n=5","n=7"))
                # 凡例の位置，線の種類
```

を採用すると，$n = 1, 3, 5, 7$ に対するカイ2乗分布の密度関数 (図 4.1) が得られる．

自由度 ϕ の上側確率 P から

$$P = \Pr\left\{\chi^2 \geq \chi^2(\phi, P)\right\} \tag{4.6}$$

を満たす $\chi^2(\phi, P)$ を求めよう．この $\chi^2(\phi, P)$ を，自由度 ϕ のカイ2乗分布の

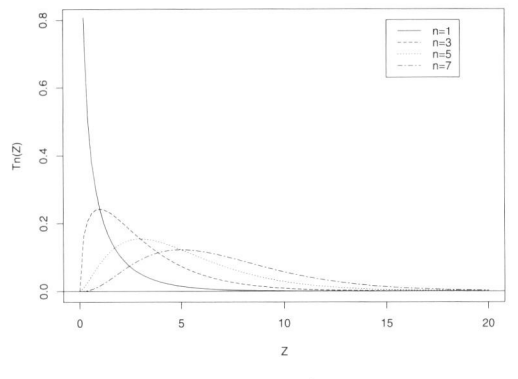

図 4.1 カイ 2 乗分布のグラフ

上側 $100P\%$ 点という．自由度 ϕ の上側 $100P\%$ 点は，R の関数 qchisq(1-P,ϕ) を用いる．例えば，$\chi^2(4, 0.05)$ は

```
>qchisq(1-0.05,4)
```

から $\chi^2(4, 0.05) = 9.488$ が求まる．一方，自由度 ϕ と $\chi^2(\phi, P)$ から上側確率 P を求める．例えば，$\chi^2(4, P) = 9.488$ から上側確率 P を算出するには，R プログラムで

```
> 1-pchisq(9.488,4)
```

と入力すれば p 値 $= 0.05$ が得られる．

【定理 4.1】 正規分布 $N(\mu, \sigma^2)$ に従う母集団から，大きさ n の無作為標本 $x_1, x_2, \ldots, x_n$ が得られたとき，

$$z = \{(x_1 - \mu)^2 + (x_2 - \mu)^2 + \cdots + (x_n - \mu)^2\}/\sigma^2 \tag{4.7}$$

は自由度 n のカイ 2 乗分布に従う．これを $z \sim \chi_n^2$ と書く．

【定理 4.2（カイ 2 乗分布の加法性）】 2 つの確率変数 x, y が，それぞれ互いに独立に自由度 n_1, n_2 のカイ 2 乗分布に従うとき，$x + y$ もカイ 2 乗分布に従い，その自由度は $n_1 + n_2$ になる．

定理 4.1 において，母平均 μ が未知なら，母平均 μ の代わりに標本平均

$$\bar{x} = \sum_{i=1}^{n} x_i / n \tag{4.8}$$

を用いる．そのため，(4.8) 式が 1 つの制約式になり，自由に動きうる変数の個数が 1 つ減る．すなわち，自由度が $n-1$ になり，次の定理が成り立つ．

【定理 4.3】 正規分布 $N(\mu, \sigma^2)$ に従う母集団から，大きさ k の無作為標本 $x_1, x_2, \ldots, x_n$ が得られたとき，

$$\begin{aligned} z &= \{(x_1 - \bar{x})^2 + (x_2 - \bar{x})^2 + \cdots + (x_n - \bar{x})^2\}/\sigma^2 \\ &= S/\sigma^2 \end{aligned} \tag{4.9}$$

は自由度 $n-1$ のカイ 2 乗分布に従う．ただし，

$$S = \sum_{i=1}^{n} (x_i - \bar{x})^2 \tag{4.10}$$

である．

S/σ^2 が自由度 $n-1$ のカイ 2 乗分布に従うことを利用すると，定理 4.3 から

$$\Pr\left\{\chi^2(n-1, 1-\alpha/2) < \frac{S}{\sigma^2} < \chi^2(n-1, 2/\alpha)\right\} = 1 - \alpha$$

を得る．これを σ^2 について解くと

$$\Pr\left\{\frac{S}{\chi^2(n-1, \alpha/2)} < \sigma^2 < \frac{S}{\chi^2(n-1, 1-\alpha/2)}\right\} = 1 - \alpha$$

となる．よって，σ^2 の

$$100(1-\alpha)\%\text{信頼区間}: \left[\frac{S}{\chi^2(n-1, \alpha/2)}, \frac{S}{\chi^2(n-1, 1-\alpha/2)}\right] \tag{4.11}$$

を得る．

例題 4.1 ある医薬品に含まれる成分 A の含有率 (%) について，10 個の無作為標本を調べたところ，次のデータを得た．成分 A の含有率が正規分布すると仮定して，母分散の 95%信頼区間を求めよ．

4.1　1つの母分散の推定と検定　55

表 **4.1**　成分の含有率 (%)

| 10.1 | 9.5 | 9.1 | 10.5 | 10.3 | 10.5 | 10.2 | 9.6 | 9.7 | 10.7 |

【解答】　$S = \sum_{i=1}^{n}(x_i - \bar{x})^2 = 2.436$ から，母分散 σ^2 の点推定値は $2.436/9 = 0.2707$ である．σ^2 の95%信頼区間は，(4.11) 式において，$\chi^2(9, 0.975) = 2.700$，$\chi^2(9, 0.025) = 19.023$ より，

$$\left[\frac{2.436}{19.023}, \frac{2.436}{2.700}\right] = [0.128, 0.902]$$

となる．

95%信頼区間を求める R プログラム

```
# 例題4.1
>x<-c(10.1,9.5,9.1,10.5,10.3,10.5,10.2,9.6,9.7,10.7)
>n<-length(x)
>s<-(n-1)*var(x)
>low<-s/qchisq(1-0.025,n-1)    # 95%信頼区間：下限
>upp<-s/qchisq(0.025,n-1)      # 95%信頼区間：上限
>(CI<-c(low,upp))
```

を採用すると

```
[1] 0.1280571 0.9020921   : 95%信頼区間の下限と上限
```

を得る．

(2) 検　定

　正規分布 $N(\mu, \sigma^2)$ に従う母集団から，大きさ n の無作為標本 $x_1, x_2, \ldots, x_n$ が得られたとき，母分散 σ^2 に関する帰無仮説 $H_0 : \sigma^2 = \sigma_0^2$ を検定しよう．定理 4.3 より $S/\sigma^2 \sim \chi_{n-1}^2$ であるから，帰無仮説のもとで $\chi_0^2 \equiv S/\sigma_0^2 \sim \chi_{n-1}^2$ となる．よって，以下のような検定手順が得られる．

　手順1　帰無仮説 $H_0 : \sigma^2 = \sigma_0^2$
　　　　　対立仮説 $H_1 : \sigma^2 \neq \sigma_0^2$　($H_1 : \sigma^2 < \sigma_0^2$ または $H_1 : \sigma^2 > \sigma_0^2$)
を設定する．

手順2 有意水準 α を決める（通常は，0.05 か 0.01）．
手順3 対立仮説のタイプによって，棄却域を定める．

対立仮説	棄却域
$H_1 : \sigma^2 \neq \sigma_0^2$	$\chi_0^2 \leq \chi^2(n-1, 1-\alpha/2),\ \chi_0^2 \geq \chi^2(n-1, \alpha/2)$
$H_1 : \sigma^2 < \sigma_0^2$	$\chi_0^2 \leq \chi^2(n-1, 1-\alpha)$
$H_1 : \sigma^2 > \sigma_0^2$	$\chi_0^2 \geq \chi^2(n-1, \alpha)$

手順4 平方和 $S = \sum_{i=1}^{n}(x_i - \bar{x})^2$ から，

$$\chi_0^2 = S/\sigma_0^2$$

を計算する．

手順5 χ_0^2 の値が手順3の棄却域に入れば，帰無仮説 H_0 を棄却する．

例題 4.2 例題 4.1 のデータについて，帰無仮説 $H_0 : \sigma^2 = 0.1$，対立仮説 $H_1 : \sigma^2 \neq 0.1$ を検定せよ．ただし，$\alpha = 0.05$ とする．

【解答】 次の手順をふむ．

手順1 帰無仮説 $H_0 : \sigma^2 = 0.1$
　　　対立仮説 $H_1 : \sigma^2 \neq 0.1$

を設定する．

手順2 有意水準 $\alpha = 0.05$ とする．

手順3 棄却域を

$$\chi_0^2 \leq \chi^2(9, 0.975) = 2.700, \quad \chi_0^2 \geq \chi^2(9, 0.025) = 19.023$$

とする．

手順4 平方和 $S = \sum_{i=1}^{n}(x_i - \bar{x})^2 = 2.436$ から，

$$\chi_0^2 \doteqdot s/\sigma_0^2 = 24.36$$

を得る．

手順5 χ_0^2 の値が手順3の棄却域に入るので，帰無仮説 H_0 を棄却する．
R プログラム

```
# 例題4.2
>x<-c(10.1,9.5,9.1,10.5,10.3,10.5,10.2,9.6,9.7,10.7)
>sigma0<-0.1
>n<-length(x)
>s<-(n-1)*var(x)
>(x0<-s/sigma0)
>dchisq(x0,n-1)
```

を採用すると，χ_0^2 と p 値

```
> (x0<-s/sigma0)    :  χ₀² の値
[1] 24.36
> 1-pchisq(x0,n-1)  :  χ₀² の自由度(n-1)に対する上側確率
[1] 0.003767015
```

を得，手順 3 の棄却域に入るので帰無仮説を棄却する．$\chi_0^2 = 24.36$ に対する p 値は $= 0.00377$ である．

4.2 1つの母平均の推定と検定

正規分布 $N(\mu, \sigma^2)$ に従う母集団から，大きさ n の無作為標本 $x_1, x_2, \ldots, x_n$ が得られたとする．母分散 σ^2 が既知なら，母平均 μ に関する推定と検定は，第 3 章で述べた．ここでは，σ^2 が未知の場合を取り上げる．

σ^2 が既知なら，$\bar{x} \sim N(\mu, \sigma^2/n)$ であることから，$\bar{x}$ を標準化した u は標準正規分布

$$u = \frac{\bar{x} - \mu}{\sigma/\sqrt{n}} \sim N(0, 1^2) \tag{4.12}$$

に従う．いま，σ^2 が未知なら，(4.12) 式でその不偏分散 $\hat{\sigma}^2 = V$ を用いた統計量 t

$$t = \frac{\bar{x} - \mu}{\sqrt{V/n}} \tag{4.13}$$

を考える．

(1) t 分布

互いに独立な確率変数 x と y について，x が標準正規分布 $N(0, 1^2)$ に従い，y が自由度 ϕ のカイ 2 乗分布に従うとき，

$$t = \frac{x}{\sqrt{y/\phi}} \tag{4.14}$$

の分布を **t 分布**と定義する．自由度 n の t 分布の密度関数 $f(t)$ は

$$f(t) = \frac{\Gamma\left(\dfrac{n+1}{2}\right)}{\sqrt{\pi n}\, \Gamma\left(\dfrac{n}{2}\right)} \times \frac{1}{\left(1 + \dfrac{t^2}{n}\right)^{\frac{n+1}{2}}} \quad (-\infty < t < +\infty) \tag{4.15}$$

となる．

自由度 $n = 1, 3, 5, 7$ に対する R プログラム

```
# t分布(図4.2)
>curve(dt(x,1),from=-4,to=4,lty=1,xlab="t",ylab="f(t)",ylim=c(0,0.4))
         # 自由度1のt分布，横軸，縦軸のラベル，縦軸の目盛
>abline(h=0) # 縦軸のベースライン
>curve(dt(x,3),add=T,lty=2)     # 自由度3
>curve(dt(x,5),add=T,lty=3)     # 自由度5
>curve(dt(x,7),add=T,lty=4)     # 自由度7
>legend(x=2,y=0.35,lty=c(1,2,3,4),legend=c("n=1","n=3","n=5","n=7"))
         # 凡例の位置，線の種類
```

を採用すれば，図 4.2 が得られる．

自由度 ϕ の $100P\%$ 点 $t(\phi, P)$

$$P = \Pr\{|t| \geq t(\phi, P)\} = \Pr\{-t(\phi, P) \leq t \leq t(\phi, P)\}$$

を求める．例えば，$\phi = 10$ の上側 5% 点は R プログラムで

```
> qt(1-0.05/2,10)
```

と入力すれば，$t(10, 0.05) = 2.228$ が得られる．一方，自由度 ϕ と $t(\phi, P)$ 値を与えて，上側確率 $P/2$ を求める．例えば，$\phi = 10$ と $t(\phi, P) = 2.228$ から上側確率 $P/2$ を算出するには

4.2 1つの母平均の推定と検定

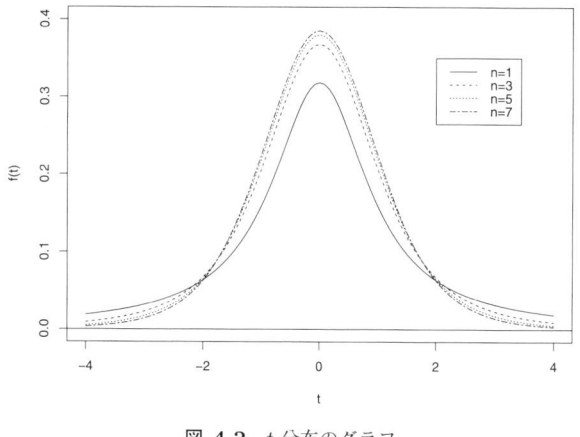

図 4.2 t 分布のグラフ

```
> 1-pt(2.228,10)
```

と入力すれば，$0.0250(= P/2)$ が求まり，$P = 0.050$ となる．

【定理 4.4】 正規分布 $N(\mu, \sigma^2)$ に従う母集団から，大きさ n の無作為標本 $x_1, x_2, \ldots, x_n$ が得られたとき，

$$\bar{x} = \frac{1}{n}\sum_{i=1}^{n} x_i, \quad S = \sum_{i=1}^{n}(x_i - \bar{x})^2, \quad V = S/(n-1)$$

とおくと

$$t = \frac{\bar{x} - \mu}{\sqrt{V/n}} \tag{4.16}$$

は，自由度 $n-1$ の t 分布に従う．

(2) 推　定

正規分布 $N(\mu, \sigma^2)$ に従う母集団から，大きさ n の無作為標本 $x_1, x_2, \ldots, x_n$ が得られたとき，μ の $100(1-\alpha)\%$ 信頼区間を求めよう．

定理 4.4 より

$$\Pr\left\{-t(n-1, \alpha) \leq \frac{\bar{x} - \mu}{\sqrt{V/n}} \leq t(n-1, \alpha)\right\} = 1 - \alpha$$

となる. μ について解くと

$$\Pr\left\{\bar{x} - t(n-1, \alpha)\sqrt{\frac{V}{n}} \leq \mu \leq \bar{x} + t(n-1, \alpha)\sqrt{\frac{V}{n}}\right\} = 1 - \alpha$$

を得る. よって, μ の

$100(1-\alpha)\%$信頼区間: $\left[\bar{x} - t(n-1, \alpha)\sqrt{\frac{V}{n}}, \ \bar{x} + t(n-1, \alpha)\sqrt{\frac{V}{n}}\right]$ (4.17)

を得る.

例題 4.3 例題 4.1 のデータについて, 母平均の 95%信頼区間を求めよ.

【解答】 (4.17) 式において, $V = 0.2707, \bar{x} = 10.02, t(9, 0.05) = 2.262$ より

$$\left[10.02 - 2.262\sqrt{\frac{0.2707}{10}}, \ 10.02 + 2.262\sqrt{\frac{0.2707}{10}}\right] = [9.65, 10.39]$$

を得る.

R プログラムでは

```
# 例題4.3
>x<-c(10.1,9.5,9.1,10.5,10.3,10.5,10.2,9.6,9.7,10.7)
>xm<-mean(x)
>n<-length(x)
>q<-qt(0.05/2,n-1,lower.tail=F)*sqrt(var(x)/n)
>low<-xm-q       # 95%信頼区間：下限
>upp<-xm+q       # 95%信頼区間：上限
>(CI<-c(low,upp))
```

と入力すれば

```
[1] 9.647831 10.392169  :   95%信頼区間の下限と上限
```

が得られる.

(3) 検　定

母平均 μ に関する帰無仮説 $H_0: \mu = \mu_0$ の検定は t 分布を利用する. 帰無仮説のもとで $t_0 = \dfrac{\bar{x} - \mu_0}{\sqrt{V/n}}$ は, 自由度 $n-1$ の t 分布に従う. よって, 母平

均の検定手順は以下のようになる．

手順1　帰無仮説 $H_0 : \mu = \mu_0$
　　　　対立仮説 $H_1 : \mu \neq \mu_0$（$H_1 : \mu < \mu_0$ または $H_1 : \mu > \mu_0$）

を設定する．

手順2　有意水準 α を決める（通常は，0.05 か 0.01）．

手順3　対立仮説によって，棄却域を定める．

対立仮説	棄却域
$H_1 : \mu \neq \mu_0$	$\lvert t_0 \rvert \geq t(n-1, \alpha)$
$H_1 : \mu < \mu_0$	$t_0 \leq -t(n-1, 2\alpha)$
$H_1 : \mu > \mu_0$	$t_0 \geq t(n-1, 2\alpha)$

手順4　検定統計量
$$t_0 = \frac{\bar{x} - \mu_0}{\sqrt{V/n}} \tag{4.18}$$

を計算する．

手順5　t_0 の値が手順3の棄却域に入れば，帰無仮説 H_0 を棄却する．

例題 4.4　例題 4.1 のデータについて，帰無仮説 $H_0 : \mu = 10.0$，対立仮説 $H_1 : \mu \neq 10.0$ を検定せよ．ただし，$\alpha = 0.05$ とする．

【解答】 次の手順をふむ．

手順1　帰無仮説 $H_0 : \mu = 10.0$
　　　　対立仮説 $H_1 : \mu \neq 10.0$

を設定する．

手順2　有意水準を $\alpha = 0.05$ とする．

手順3　棄却域を
$$\lvert t_0 \rvert \geq t(9, 0.05) = 2.262$$

と設定する．

手順4
$$\lvert t_0 \rvert = \frac{\lvert \bar{x} - \mu_0 \rvert}{\sqrt{V/n}} = \frac{\lvert 10.02 - 10.0 \rvert}{\sqrt{0.2707/10}} = 0.122$$

を得る．

<u>手順5</u> $|t_0|$ の値が手順3の棄却域に入らないので，帰無仮説 H_0 を棄却できない．

R プログラム

```
# 例題4.4
>x<-c(10.1,9.5,9.1,10.5,10.3,10.5,10.2,9.6,9.7,10.7)
>t.test(x,mu=10.0,altenative="two.sided") # 帰無仮説： μ=10.0,両側検定
```

を採用する．なお，引数の mu=10.0 は帰無仮説 $H_0 : \mu = 10.0$ であり，alternative="two.sided" は両側対立仮説であることを表す．対立仮説が $H_1 : \mu < \mu_0$ なら alternative="less" ，$H_1 : \mu > \mu_0$ なら alternative="greater" とする．結果として，検定結果の他に平均値，母平均の 95% 信頼区間が出力される．

```
    One Sample t-test
data: x
t = 0.1216, df = 9, p-value = 0.906  :  t₀ 値, 自由度, p値
alternative hypothesis: true mean is not equal to 10
95 percent confidence interval:
 9.647831 10.392169         :  μの95%信頼区間の下限と上限
sample estimates:
mean of x
  10.02                     :  xの平均
```

4.3　2つの母分散の比の検定（等分散性の検定）

(1) F 分布

　<u>互いに独立</u>な確率変数 x と y について，x が自由度 ϕ_1 のカイ2乗分布に従い，y が自由度 ϕ_2 のカイ2乗分布に従うとき，

$$F = \frac{x/\phi_1}{y/\phi_2} \tag{4.19}$$

の分布を F 分布と定義する．自由度 (ϕ_1, ϕ_2) の F 分布の密度関数 $f(F)$ は

$$f(F) = \begin{cases} \dfrac{\Gamma\left(\dfrac{\phi_1+\phi_2}{2}\right)}{\Gamma\left(\dfrac{\phi_1}{2}\right)\Gamma\left(\dfrac{\phi_2}{2}\right)}\left(\dfrac{\phi_1}{\phi_2}\right)^{\phi_1/2}\dfrac{F^{\frac{\phi_1}{2}-1}}{\left(1+\dfrac{\phi_1}{\phi_2}F\right)^{-\frac{\phi_1+\phi_2}{2}}} & ; F \geq 0 \\ 0 & ; F < 0 \end{cases} \tag{4.20}$$

となる.

R プログラム

```
# F分布
>curve(df(x,10,10),from=0,to=4,lty=1,xlab="F",ylab="f(F)",ylim=c(0,0.8))
              # 自由度10,10のF分布，横軸，縦軸のラベル，縦軸の目盛
>abline(h=0)  # 縦軸のベースライン
```

を採用すると，図 4.3 のような自由度 (10,10) の F 分布が得られる．

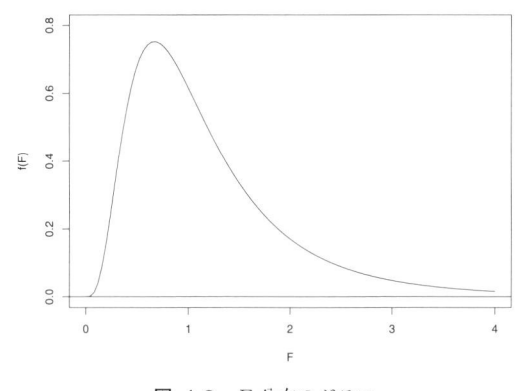

図 **4.3** F 分布のグラフ

【定理 4.5】 正規分布 $N(\mu_1, \sigma_1^2)$ に従う母集団（第 1 母集団）から抽出した大きさ n_1 の無作為標本を $x_1, x_2, \ldots, x_{n_1}$，正規分布 $N(\mu_2 \sigma_2^2)$ に従う母集団（第 2 母集団）から抽出した大きさ n_2 の無作為標本を $y_1, y_2, \ldots, y_{n_2}$ とする．

$$\bar{x} = \sum_{i=1}^{n_1} x_i/n_1, \ \bar{y} = \sum_{i=1}^{n_2} y_i/n_2, \ S_1 = \sum_{i=1}^{n_1} (x_i - \bar{x})^2,$$

$$S_2 = \sum_{i=1}^{n_2}(y_i - \bar{y})^2, \ V_1 = S_1/(n_1-1), \ V_2 = S_2/(n_2-1)$$

とおくと

$$F = \frac{\left(\dfrac{S_1}{\sigma_1^2}\middle/(n_1-1)\right)}{\left(\dfrac{S_2}{\sigma_2^2}\middle/(n_2-1)\right)} = \frac{V_1}{V_2}\middle/\frac{\sigma_1^2}{\sigma_2^2} \tag{4.21}$$

は，自由度 (n_1-1, n_2-1) の F 分布に従う．

自由度 (ϕ_1, ϕ_2) と確率 P を与えたとき，

$$P = \Pr\{F \geq F(\phi_1, \phi_2; P)\} \tag{4.22}$$

を満たす $F(\phi_1, \phi_2; P)$ を求めることができる．この $F(\phi_1, \phi_2; P)$ を自由度 (ϕ_1, ϕ_2) の F 分布の上側 $100P\%$ 点と呼ぶ．

【定理 4.6】 自由度 (ϕ_1, ϕ_2) の F 分布の上側 $100P\%$ 点 $F(\phi_1, \phi_2; P)$ について

$$F(\phi_1, \phi_2; 1-P) = \frac{1}{F(\phi_2, \phi_1; P)} \tag{4.23}$$

が成り立つ．

定理 4.6 より，P の値が大きい場合，(4.23) 式を用い，自由度 (ϕ_1, ϕ_2) の F 分布の上側 $100P\%$ 点を求めればよい．

(2) 母分散の比（等分散性）の検定

正規分布 $N(\mu_1, \sigma_1^2)$ に従う母集団（第 1 母集団）から抽出した大きさ n_1 の無作為標本を $x_1, x_2, \ldots, x_{n_1}$，正規分布 $N(\mu_2, \sigma_2^2)$ に従う母集団（第 2 母集団）から抽出した大きさ n_2 の無作為標本を $y_1, y_2, \ldots, y_{n_2}$ とする．定理 4.5 において，$H_0 : \sigma_1^2 = \sigma_2^2$ が真なら，$F_0 = \dfrac{V_1}{V_2}\middle/\dfrac{\sigma_1^2}{\sigma_2^2} = \dfrac{V_1}{V_2}$ は自由度 (ϕ_1, ϕ_2) の F 分布に従う．よって，これを用いて母分散の比（等分散性）の検定を行う．

手順 1　帰無仮説 $H_0 : \sigma_1^2 = \sigma_2^2$
　　　　対立仮説 $H_1 : \sigma_1^2 \neq \sigma_2^2$ 　($H_1 : \sigma_1^2 < \sigma_2^2$ または $H_1 : \sigma_1^2 > \sigma_2^2$)
を設定する．

4.3 2つの母分散の比の検定（等分散性の検定）

手順2 有意水準 α を定める（通常は，0.05 か 0.01）．
手順3 対立仮説によって棄却域を定める．

対立仮説	棄却域
$H_1 : \sigma_1^2 \neq \sigma_2^2$	$V_1 \geq V_2$ のとき $F_0 = V_1/V_2 \geq F(n_1-1, n_2-1; \alpha/2)$ $V_1 < V_2$ のとき $F_0 = V_2/V_1 \geq F(n_2-1, n_1-1; \alpha/2)$
$H_1 : \sigma_1^2 < \sigma_2^2$	$F_0 = V_2/V_1 \geq F(n_2-1, n_1-1; \alpha)$
$H_1 : \sigma_1^2 > \sigma_2^2$	$F_0 = V_1/V_2 \geq F(n_1-1, n_2-1; \alpha)$

手順4 2つの母集団から，それぞれ実現値 $x_1, x_2, \ldots, x_{n_1}$ および $y_1, y_2, \ldots, y_{n_2}$ をとり，V_1, V_2, n_1-1, n_2-1 を計算する．

手順5 V_1 と V_2 の比が，手順3の棄却域に入れば，帰無仮説 H_0 を棄却する．

例題 4.5 ある繊維会社では，ラグビー・ジャージの生地を製造している．新素材が開発され，その引張り強さを従来の素材と比較することになった．ただし，従来の素材および新素材で製造されたジャージの引張り強さ（単位略）は，それぞれ正規分布 $N(\mu_1, \sigma_1^2)$ および $N(\mu_2, \sigma_2^2)$ に従うとする．2つの母分散に差があるかどうかを有意水準 $\alpha = 0.05$ で検定せよ．

表 4.2 引張り強さ（単位略）

従来の素材 (x)	77	73	69	67	72	70	65	71	64	68
新素材 (y)	72	75	73	76	77	73	68	69	75	79

【解答】 次の手順をふむ．

手順1 帰無仮説 $H_0 : \sigma_1^2 = \sigma_2^2$
　　　対立仮説 $H_1 : \sigma_1^2 \neq \sigma_2^2$
を設定する．

手順2 有意水準 $\alpha = 0.05$ とする．

手順3 棄却域は

$V_1 \geq V_2$ なら，$V_1/V_2 \geq F(n_1-1, n_2-1; \alpha/2) = F(9, 9; 0.025) = 4.026$

$V_2 > V_1$ なら，$V_2/V_1 \geq F(n_2-1, n_1-1; \alpha/2) = F(9, 9; 0.025) = 4.026$

となる．

手順4 $V_1 = 15.15, V_2 = 11.79, (V_1 > V_2)$ より,
$$F_0 = V_1/V_2 = \frac{15.16}{11.79} = 1.286$$
を得る. また, $n_1 - 1 = 9, n_2 - 1 = 9$ である.

手順5 $V_1/V_2 = 1.286$ が, 手順3の棄却域に入らないので, 帰無仮説 H_0 を棄却しない.

R プログラム

```
# 例題4.5
>x<-c(77,73,69,67,72,70,65,71,64,68)
>y<-c(72,75,73,76,77,73,68,69,75,79)
>var.test(x,y)          # 分散の比較（等分散性の検定）
```

を採用すると,

```
     F test to compare two variances
data: x and y
F = 1.2856, num df = 9, denom df = 9, p-value = 0.7143 :  F統計量(V₁/V₂)
                                                          の値, p値
alternative hypothesis: true ratio of variances is not equal to 1
95 percent confidence interval:
 0.3193198 5.1757361              : $\sigma_1^2 - \sigma_2^2$ の95%信頼区間の下限と上限
sample estimates:
ratio of variances
    1.285580                      : V₁/V₂ の値
```

を得る.

4.4 2つの母平均の差の検定

2つの独立な第1母集団 $N(\mu_1, \sigma_1^2)$, および第2母集団 $N(\mu_2, \sigma_2^2)$ から無作為抽出した標本平均 $\bar{x}, \bar{y}$ の差 $\bar{x} - \bar{y}$ を考える. 定理2.9および定理2.10より $\bar{x} - \bar{y}$ は正規分布 $N\left(\mu_1 - \mu_2, \dfrac{\sigma_1^2}{n_1} + \dfrac{\sigma_2^2}{n_2}\right)$ に従う. ゆえに, 標準化した統計量 u は

$$u = \frac{(\bar{x} - \bar{y}) - (\mu_1 - \mu_2)}{\sqrt{\sigma_1^2/n_1 + \sigma_2^2/n_2}} \sim N(0, 1^2) \tag{4.24}$$

に従う. σ_1^2, σ_2^2 が既知の場合は, 帰無仮説 $H_0 : \mu_1 = \mu_2$ の下で,

$$u_0 = \frac{\bar{x} - \bar{y}}{\sqrt{\sigma_1^2/n_1 + \sigma_2^2/n_2}} \sim N(0, 1) \tag{4.25}$$

となり, 3.2 節と同様に検定できる. しかし実際には, σ_1^2, σ_2^2 が既知の場合はほとんどない. 以下に, σ_1^2, σ_2^2 が未知のとき, σ_1^2, σ_2^2 が等しい場合および異なる場合に分けて考える.

(1) 2 つの母分散が等しい場合

等分散性の検定を行った結果, 帰無仮説 $H_0 : \sigma_1^2 = \sigma_2^2$ が棄却されず, $\sigma_1^2 = \sigma_2^2 \ (\equiv \sigma^2)$ とみなされる場合の母平均の差を検定する. 2 つの正規母集団 $N(\mu_1, \sigma_1^2), N(\mu_2, \sigma_2^2)$ から, 無作為に抽出したデータから得られる S_1/σ_1^2, S_2/σ_2^2 はそれぞれ自由度 $n_1 - 1, n_2 - 1$ のカイ 2 乗分布に従う. 定理 4.2 より, $S_1/\sigma_1^2 + S_2/\sigma_2^2 = (S_1 + S_2)/\sigma^2$ は自由度 $n_1 + n_2 - 2$ のカイ 2 乗分布に従う. t 分布の定義より,

$$t = \frac{(\bar{x} - \bar{y}) - (\mu_1 - \mu_2)}{\sqrt{\left(\frac{1}{n_1} + \frac{1}{n_2}\right)\sigma^2}} \bigg/ \sqrt{\frac{S_1 + S_2}{\sigma^2} \times \frac{1}{n_1 + n_2 - 2}} = \frac{(\bar{x} - \bar{y}) - (\mu_1 - \mu_2)}{\sqrt{\left(\frac{1}{n_1} + \frac{1}{n_2}\right)V}} \tag{4.26}$$

は, 自由度 $\phi = n_1 + n_2 - 2$ の t 分布に従う. ただし,

$$V = \hat{\sigma}^2 = \frac{S_1 + S_2}{n_1 + n_2 - 2} \tag{4.27}$$

とする. ゆえに, 帰無仮説 $H_0 : \mu_1 = \mu_2$ のもとで, $t_0 = \dfrac{\bar{x} - \bar{y}}{\sqrt{(1/n_1 + 1/n_2)V}}$ は, 自由度 $\phi = n_1 + n_2 - 2$ の t 分布に従う.

手順 1　帰無仮説 $H_0 : \mu_1 = \mu_2$
　　　　対立仮説 $H_1 : \mu_1 \neq \mu_2$ ($H_1 : \mu_1 < \mu_2$ または $H_1 : \mu_1 > \mu_2$)
を設定する.

手順 2　有意水準 α を定める (通常は, 0.05 か 0.01).

手順 3　対立仮説によって棄却域を定める.

対立仮説	棄却域
$H_1 : \mu_1 \neq \mu_2$	$|t_0| \geq t(\phi_1 + \phi_2, \alpha)$
$H_1 : \mu_1 < \mu_2$	$t_0 \leq -t(\phi_1 + \phi_2, 2\alpha)$
$H_1 : \mu_1 > \mu_2$	$t_0 \geq t(\phi_1 + \phi_2, 2\alpha)$

<u>手順4</u> 2つの母集団から，それぞれ $x_1, x_2, \ldots, x_{n_1}$ および $y_1, y_2, \ldots, y_{n_2}$ をとり，

$$t_0 = \frac{\bar{x} - \bar{y}}{\sqrt{(1/n_1 + 1/n_2)V}} \tag{4.28}$$

を計算する．ただし，$V = \dfrac{S_1 + S_2}{n_1 + n_2 - 2}$, $\phi_1 = n_1 - 1$, $\phi_2 = n_2 - 1$ とする．

<u>手順5</u> t_0 が，手順3の棄却域に入れば，帰無仮説 H_0 を棄却する．

例題 4.6 例題 4.5 について，帰無仮説 $H_0 : \mu_1 = \mu_2$, 対立仮説 $H_1 : \mu_1 \neq \mu_2$ を検定せよ．ただし，$\alpha = 0.05$ とする．

【解答】 次の手順をふむ．

<u>手順1</u> 帰無仮説 $H_0 : \mu_1 = \mu_2$
  対立仮説 $H_1 : \mu_1 \neq \mu_2$
を設定する．

<u>手順2</u> 有意水準 $\alpha = 0.05$ とする．

<u>手順3</u> 棄却域は

$$|t_0| \geq t(\phi_1 + \phi_2, \alpha) = t(18, 0.05) = 2.101$$

となる．

<u>手順4</u>

$$|t_0| = \frac{|\bar{x} - \bar{y}|}{\sqrt{(1/n_1 + 1/n_2)V}} = \frac{|69.6 - 73.7|}{\sqrt{(1/10 + 1/10)13.472}} = 2.498,$$
$$\phi_1 = n_1 - 1 = 9, \ \phi_2 = n_2 - 1 = 9$$

を得る．

<u>手順5</u> $|t_0|$ の値が，手順3の棄却域に入るので，帰無仮説 H_0 を棄却する．
R プログラム

4.4 2つの母平均の差の検定　69

```
# 例題4.6
>x<-c(77,73,69,67,72,70,65,71,64,68)
>y<-c(72,75,73,76,77,73,68,69,75,79)
>t.test(x,y,var.equal=T)    # t検定：分散が等しいとき
```

を採用する．等分散の場合は，関数t.test()の引数に「var.equal=T」を指定する．

```
    Two Sample t-test
data: x and y
t = -2.4978, df = 18, p-value = 0.02241    ：t0 の値，自由度，p値
alternative hypothesis: true difference in means is not equal to 0
95 percent confidence interval:
 -7.5486137 -0.6513863                     ：μx − μy の95%信頼区間の下限と上限
sample estimates:
mean of x mean of y
   69.6      73.7                          ：xの平均，yの平均
```

を得る．

(2) 2つの母分散が等しくない場合

等分散性が仮定できない場合，σ_1^2, σ_2^2 の推定量として，それぞれ第1母集団，および第2母集団から得られる不偏分散 $V_1 = S_1/(n_1-1)$, $V_2 = S_2/(n_2-1)$ を用いる．このとき，

$$t = \frac{(\bar{x}-\bar{y})-(\mu_1-\mu_2)}{\sqrt{V_1/n_1+V_2/n_2}} \tag{4.29}$$

は，近似的に自由度 ϕ^* の t 分布に従う．ただし，

$$\phi^* = \frac{\left(\dfrac{V_1}{n_1}+\dfrac{V_2}{n_2}\right)^2}{\left(\dfrac{V_1}{n_1}\right)^2 \bigg/ \phi_1 + \left(\dfrac{V_2}{n_2}\right)^2 \bigg/ \phi_2} \tag{4.30}$$

は**等価自由度**と呼ばれ，次の**サタースウェイト** (Satterthwaite) **の方法**を用いて求めている．自由度 $\phi_1, \phi_2, \ldots, \phi_m$ の分散を $V_1, V_2, \ldots, V_m$ として，

$a_1V_1 + a_2V_2 + \cdots + a_mV_m$ で構成される分散を V^*,その自由度を ϕ^* とすると

$$\frac{V^{*2}}{\phi^*} = \frac{(a_1V_1)^2}{\phi_1} + \frac{(a_2V_2)^2}{\phi_2} + \cdots + \frac{(a_mV_m)^2}{\phi_m} \quad (4.31)$$

と近似される.

帰無仮説 $H_0 : \mu_1 = \mu_2$ のもとで,$t_0 = \dfrac{\bar{x} - \bar{y}}{\sqrt{(1/n_1 + 1/n_2)V}}$ は,自由度 ϕ^* の t 分布に従う.この検定は,**ウェルチ (Welch) の検定**と呼ばれており,手順は以下のとおりである.

<u>手順1</u> 帰無仮説 $H_0 : \mu_1 = \mu_2$
対立仮説 $H_1 : \mu_1 \neq \mu_2$ ($H_1 : \mu_1 < \mu_2$ または $H_1 : \mu_1 > \mu_2$)
を設定する.

<u>手順2</u> 有意水準 α を定める(通常は,0.05 か 0.01).

<u>手順3</u> 2つの母集団から,それぞれ $x_1, x_2, \ldots, x_{n_1}$ および $y_1, y_2, \ldots, y_{n_2}$ をとり,検定統計量 t_0 の値

$$t_0 = \frac{\bar{x} - \bar{y}}{\sqrt{V_1/n_1 + V_2/n_2}} \quad (4.32)$$

を計算する.また,等価自由度 ϕ^*

$$\phi^* = \frac{\left(\dfrac{V_1}{n_1} + \dfrac{V_2}{n_2}\right)^2}{\left(\dfrac{V_1}{n_1}\right)^2 \bigg/ \phi_1 + \left(\dfrac{V_2}{n_2}\right)^2 \bigg/ \phi_2}, \ \phi_1 = n_1 - 1, \ \phi_2 = n_2 - 1$$

を計算する.

<u>手順4</u> 対立仮説によって棄却域を定める.

対立仮説	棄却域
$H_1 : \mu_1 \neq \mu_2$	$\|t_0\| \geq t(\phi^*, \alpha)$
$H_1 : \mu_1 < \mu_2$	$t_0 \leq t(\phi^*, 2\alpha)$
$H_1 : \mu_1 > \mu_2$	$t_0 \geq t(\phi^*, 2\alpha)$

<u>手順5</u> t_0 の値が,手順4の棄却域に入れば,帰無仮説 H_0 を棄却する.

例題 4.7 ある薬物のラットへの影響を調べるため,4週間反復投与毒性試験を行った.次のデータは,対照群と投与群との血液化学的検査値 (GOT)

の測定値 (IU/ℓ) である．両群の母平均に差があるかを有意水準 $\alpha = 0.05$ で検定せよ．

表 **4.3** 血液化学的検査値 (GOT) の測定値

対照群 (x)	41	42	37	39	48	29	25	22	32	40
投与群 (y)	64	75	46	36	78	56	77	69	40	37

【解答】 i) 等分散性の検定

手順1　帰無仮説 $H_0 : \sigma_1^2 = \sigma_2^2$
　　　　対立仮説 $H_1 : \sigma_1^2 \neq \sigma_2^2$

を設定する．

手順2　有意水準 $\alpha = 0.05$ とする．

手順3　棄却域は

$V_1 \geq V_2$ なら，$V_1/V_2 \geq F(n_1 - 1, n_2 - 1; \alpha/2) = F(9, 9; 0.025) = 4.026$

$V_1 < V_2$ なら，$V_2/V_1 \geq F(n_2 - 1, n_1 - 1; \alpha/2) = F(9, 9; 0.025) = 4.026$

となる．

手順4　$V_1 = 67.83, V_2 = 289.29$ より，$F_0 = V_2/V_1 = 4.265$ を得る．$\phi_1 = n_1 - 1 = 9, \phi_2 = n_2 - 1 = 9$ である．

手順5　$V_2/V_2 = 4.265$ が，手順3の棄却域に入るので，帰無仮説 H_0 を棄却する．

ii) 母平均の差の検定

手順1　帰無仮説 $H_0 : \mu_1 = \mu_2$
　　　　対立仮説 $H_1 : \mu_1 > \mu_2$

を設定する．

手順2　有意水準 $\alpha = 0.05$ とする．

手順3

$$|t_0| = \frac{|\bar{x} - \bar{y}|}{\sqrt{V_1/n_1 + V_2/n_2}} = \frac{|35.5 - 57.8|}{\sqrt{67.83/10 + 289.29/10}} = 3.732$$

を得る．ただし，

$$\phi^* = \frac{\left(\dfrac{V_1}{n_1} + \dfrac{V_2}{n_2}\right)^2}{\left(\dfrac{V_1}{n_1}\right)^2 \Big/ \phi_1 + \left(\dfrac{V_2}{n_2}\right)^2 \Big/ \phi_2} = 13.00, \ \phi_1 = n_1 - 1 = 9, \ \phi_2 = n_2 - 1 = 9$$

である．

<u>手順 4</u>　棄却域は $|t_0| \geq t(\phi^*, 0.05) = 2.160$

となる．

<u>手順 5</u>　$|t_0|$ の値が，手順 4 の棄却域に入るので，帰無仮説 H_0 を棄却する．

R プログラム

```
# 例題4.7
>x<-c(41,42,37,39,48,29,25,22,32,40)
>y<-c(64,75,46,36,78,56,77,69,40,37)
>var.test(x,y)              # 分散の比較（等分散性の検定）
>t.test(x,y,var.equal=F)    # t検定(分散が等しくないとき：ウェルチの検定)
```

を採用する．等分散性が成り立たない場合は，関数 t.test() の引数に「var.equal=F」を指定する．その結果，

```
> var.test(x,y) # 分散の比較（等分散性の検定）
    F test to compare two variances
data: x and y
F = 0.2345, num df = 9, denom df = 9, p-value = 0.04182  : F統計量の値, 自
由度対, p値
alternative hypothesis: true ratio of variances is not equal to 1
95 percent confidence interval:
 0.05824227 0.94402728            :  σ²₁ − σ²₂ の95%信頼区間の下限と上限
sample estimates:
ratio of variances
      0.234483                    :  V₁/V₂
> t.test(x,y,var.equal=F)  # t検定(分散が等しくないとき：ウェルチの検定)


    Welch Two Sample t-test
data: x and y
t = -3.7316, df = 13.001, p-value = 0.002514    : t₀ の値,自由度,p値
alternative hypothesis: true difference in means is not equal to 0
```

```
95 percent confidence interval:
 -35.210226 -9.389774                  : μx − μy の95%信頼区間の下限と上限
sample estimates:
mean of x mean of y
   35.5    57.8                        : xの平均,yの平均
```

を得る．

(3) 対応がある場合の 2 つの母平均の差の検定

n 対のデータがあるとき（例えば，同一の個体に，ある薬剤を投与したとき，投与前後の検査値を調べる），対応する 2 変数 x_i と y_i は正規母集団 $N(\mu_1, \sigma_1^2)$，および $N(\mu_2, \sigma_2^2)$ から無作為標本とみなす．両者の差を $d_i = x_i - y_i (i=1,2,\ldots,n)$ とする．

手順 1　帰無仮説 $H_0 : \mu_1 = \mu_2$
　　　　対立仮説 $H_1 : \mu_1 \neq \mu_2$（$H_1 : \mu_1 < \mu_2$ または $H_1 : \mu_1 > \mu_2$）
を設定する．

手順 2　有意水準 α を定める（通常は，0.05 か 0.01）．

手順 3　対立仮説によって棄却域を定める．

対立仮説	棄却域
$H_1 : \mu_1 \neq \mu_2$	$|t_0| \geq t(n-1, \alpha)$
$H_1 : \mu_1 < \mu_2$	$t_0 \leq -t(n-1, 2\alpha)$
$H_1 : \mu_1 > \mu_2$	$t_0 \geq t(n-1, 2\alpha)$

手順 4　各個体ごとに差

$$d_i = x_i - y_i \tag{4.33}$$

を算出する．その平均 $\bar{d}$ と分散 V を求める．

手順 5　検定統計量

$$t_0 = \frac{\bar{d}}{\sqrt{V/n}} \tag{4.34}$$

を計算する．

手順 6　$|t_0|$ が手順 3 の棄却域に入れば，帰無仮説を棄却する．

例題 4.8 ある降圧剤の効果を調べるため，高血圧患者 10 人に 4 週間反復投与試験を行った．次の表は，投与前と投与後の血圧 (mmHg) である．

表 4.4 投与前と投与後の血圧測定値

患者	1	2	3	4	5	6	7	8	9	10
投与前	155	160	153	149	157	170	163	159	158	154
投与後	143	136	142	136	151	161	140	142	140	141

【解答】 次の手順をふむ．

手順 1　帰無仮説 $H_0 : \mu_1 = \mu_2$
　　　　対立仮説 $H_1 : \mu_1 \neq \mu_2$

を設定する．

手順 2　有意水準 $\alpha = 0.05$ を定める．

手順 3　対立仮説の棄却域は

$$|t_0| \geq t(9, 0.05) = 2.262$$

となる．

手順 4　各個体ごとに差

$$d_i = x_i - y_i$$

を算出し，平均 $\bar{d} = 14.6$ と分散 $V = 34.04$ を求める．

手順 5　$t_0 = 7.913$ を得る．

手順 6

$$|t_0| > t(9, 0.05)$$

より，帰無仮説を棄却する．

R プログラム

```
# 例題4.8
>A<-c(155,160,153,149,157,170,163,159,158,154)
>B<-c(143,136,142,136,151,161,140,142,140,141)
>t.test(A,B,paired=T)   # 対応がある場合のt検定
```

を採用する．対応がある場合の t 検定は，関数 t.test() の引数に「paired=TRUE」を指定する．対応のある場合の自由度は $n-1=9$ である．その結果，

```
    Paired t-test
data: A and B
t = 7.9128, df = 9, p-value = 2.416e-05    :  t₀ の値, 自由度, p値
alternative hypothesis: true difference in means is not equal to 0
95 percent confidence interval:
 10.42606 18.77394                         :  μ_A − μ_B の95%信頼区間の下限と上限
sample estimates:
mean of the differences
         14.6                              :  差dᵢの平均
```

を得る．

最後に，正規分布，2乗分布，t 分布，および F 分布間の関係をまとめておく．

 i) u が $N(0, 1^2)$ に従うとき，u^2 は自由度 1 のカイ 2 乗分布に従う．

 ii) 自由度 ∞ の t 分布は，$N(0,1)$ に一致する．よって，

$$t(\infty, P) = u(P) \tag{4.35}$$

となる．

 iii) t が自由度 ϕ の t 分布に従うとき，t^2 は自由度 $(1, \phi)$ の F 分布になる．ゆえに，

$$\{t(\phi, P)\}^2 = F(1, \phi; P) \tag{4.36}$$

となる．

 iv) χ^2 が自由度 ϕ の 2 乗分布に従うとき，χ^2/ϕ は自由度 (ϕ, ∞) の F 分布に従う．よって，

$$\frac{\chi^2(\phi, P)}{\phi} = F(\phi, \infty; P) \tag{4.37}$$

となる．

4.5 尤度比検定

ここでは，3.1 節の最尤法に基づく尤度比検定を取り上げる．帰無仮説 H_0

の対立仮説 H_1 のもとで導かれる尤度の比に基づいた一般性のある検定法である．大きさ n の無作為標本 $x_1, x_2, \ldots, x_n$ が，未知パラメータ θ をもつ確率分布 $f(x; \theta)$ に従うとする．無作為標本の実現値 $x_1, x_2, \ldots, x_n$ を得たとき，尤度関数は

$$L(\theta) = \prod_{i=1}^{n} f(x_i; \theta) \tag{4.38}$$

で与えられる．このとき，パラメータ空間 Ω 全体の中で θ の $MLE \hat{\theta}$ は

$$\frac{\partial \ln L(\theta)}{\partial \theta} = 0 \tag{4.39}$$

の解として求められる．この $\hat{\theta}$ を (4.38) 式へ代入して得られる尤度を $L(\hat{\Omega})$ と書く．

例題 4.9 例題 3.3 において，$L(\hat{\Omega})$ を求めよ．

【解答】 母分散 $\sigma^2 = 1$ のとき，尤度関数は

$$L(\mu) = \left(\frac{1}{\sqrt{2\pi}}\right)^n e^{-\frac{1}{2}\sum_{i=1}^{n}(x_i - \mu)^2} \tag{4.40}$$

となる．よって，

$$\frac{\partial \ln L(\mu)}{\partial \mu} = 0$$

より，

$$\hat{\mu} = \frac{1}{n}\sum_{i=1}^{n} x_i \tag{4.41}$$

となる．尤度は (4.40) 式の μ に (4.41) 式を代入した

$$L(\hat{\Omega}) = L(\hat{\mu}) = \left(\frac{1}{\sqrt{2\pi}}\right)^n e^{-\frac{1}{2}\sum_{i=1}^{n}(x_i - \bar{x})^2} \tag{4.42}$$

となる．

いま，未知パラメータ θ に関する

　　帰無仮説 $H_0 : \theta \in \omega$

　　対立仮説 $H_1 : \theta \in \Omega - \omega$

の検定を考える．θ はパラメータ空間 Ω の部分集合 ω の要素である．

例題 4.10 例題 3.5 のデータについて

帰無仮説 $H_0 : \mu = \mu_0$

対立仮説 $H_1 : \mu \neq \mu_0$

の検定を取り上げる．この帰無仮説のもとでの尤度を求めよ．

【解答】 帰無仮説 $H_0 : \mu = \mu_0$ のもとでの尤度は，(4.40) 式の μ に μ_0 を代入した

$$L(\hat{\omega}) = L(\mu_0) = \left(\frac{1}{\sqrt{2\pi}}\right)^n e^{-\frac{1}{2}\sum_{i=1}^{n}(x_i - \mu_0)^2} \tag{4.43}$$

となる．

未知パラメータ θ は，パラメータ空間 Ω の全域を動きうる．ω は，帰無仮説によって限定された Ω の部分空間である．このとき，**尤度比** (likelihood ratio) を

$$\lambda = \frac{L(\hat{\omega})}{L(\hat{\Omega})} \tag{4.44}$$

と定義する．ω は Ω の部分空間であるから，動きうる範囲も限定され，尤度 $L(\hat{\omega})$ は $L(\hat{\Omega})$ よりも大きくはなりえない．よって

$$\lambda \leq 1 \tag{4.45}$$

である．λ の値が 1 に近ければ，$L(\hat{\omega})$ の値は $L(\hat{\Omega})$ のそれと近くになる．すなわち，帰無仮説の信憑性が高くなる．

帰無仮説 H_0 が真であって，そのとき (4.44) 式の尤度比 λ の分布 $h(\lambda \mid H_0)$ がわかっているとする．$h(\lambda \mid H_0)$ は，母集団の分布 $f(x;\theta)$ から導くことができる．そこで，有意水準 α を与えたとき

$$\alpha = \int_0^c h(\lambda \mid H_0) \, d\lambda \tag{4.46}$$

を満たす c を求め，帰無仮説 $H_0 : \theta \in \omega$ の棄却域を

$$0 < \lambda < c \tag{4.47}$$

とするのが，尤度比検定である．

一般に，尤度比 λ の分布形は複雑な場合が多く，棄却域 $0 < \lambda < c$ の計算は必ずしも容易ではない．そのため，カイ 2 乗分布の応用として，尤度比 λ に関する次の定理が有効になる．

【定理 4.7】 (4.44) 式の尤度比 λ に関し，帰無仮説 H_0 が真なら，$n \to \infty$ のとき，$-2\ln\lambda$ はカイ 2 乗分布に従う．ただし，自由度は，帰無仮説 H_0 に含まれている未知パラメータの個数である．

例題 4.11　例題 3.3 について，μ に関する尤度比検定を導け．

【解答】　(4.44) 式へ (4.42), (4.43) 式を代入すれば，

$$\lambda = \frac{L(\hat{\omega})}{L(\hat{\Omega})} = \exp\left[-\frac{1}{2}\left\{\sum_{i=1}^{n}(x_i - \mu_0)^2 - \sum_{i=1}^{n}(x_i - \bar{x})^2\right\}\right]$$
$$= \exp\left\{-\frac{n}{2}(\bar{x} - \mu_0)^2\right\}$$

となる．よって，

$$-2\ln\lambda = n(\bar{x} - \mu_0)^2$$

について，帰無仮説 $\mu = \mu_0$ が真なら，$\bar{x} \sim N(\mu_0, 1/n)$ であるから，定理 4.7 より，$-2\ln\lambda$ は自由度 1 のカイ 2 乗分布に従う．$\alpha = 0.05$ としたとき，棄却域 $0 < \lambda < c$ を設定しよう．$\chi^2(1; 0.05) = 3.841$ より，

$$-2\ln c = 3.841$$

とし，

$$n(\bar{x} - \mu_0)^2 > 3.841$$

より

$$\bar{x} < \mu_0 - 1.960/\sqrt{n},\ \bar{x} > \mu_0 + 1.960/\sqrt{n}$$

となる．これは，例題 3.1 と同一の棄却域である．

第5章

分散分析

4.4 節では，2 つの母集団の平均の差の検定について述べた．本章では，3 つ以上の母集団の平均が等しいかどうかを調べる**分散分析** (**AN**alysis **O**f **VA**riance: ANOVA) を取り上げる．それは，2 つずつの母集団に対して，4.4 節の方法を適用するのではなく，3 つ以上のすべての母平均が等しいかどうかを同時に検定する方法である．

5.1 要因実験と分散分析

例えば，化学反応で収率に影響すると考えられる要因には，温度，圧力，触媒の種類などがある．実験を実施するとき，効果の有無を検討するために取り上げる要因を**因子** (factor)，因子の効果を調べるために設定される条件を**水準** (level) と呼ぶ．要因実験は，いくつかの要因を同時に取り上げ，それらの効果を効率よく調べる実験である．要因実験を行えば，実験後に得られるデータは変動している．データの変動は，取り上げた各因子の水準を変えることにより生じる部分と，偶然にばらつく誤差と考えられる部分に分解される．このように，データの変動を原因となる変動部分に分解し，それらの大きさを統計的に比較し，解析する方法が分散分析である．

データの変動を分析するため，**データの構造式**（モデル）を

$$
\left.\begin{array}{l}
x = \mu + \alpha_i + \beta_j + \cdots + \varepsilon \\
\text{ただし}, \sum_i \alpha_i = \sum_j \beta_j = 0, \ldots, \varepsilon \sim NID(0, \sigma^2)
\end{array}\right\} \quad (5.1)
$$

と書く．ここに，μ は**一般平均**であり，$\alpha_i, \beta_j, \ldots$ は**主効果** (main effect) と呼ばれる因子の効果である．ε は**誤差項**と呼ばれる確率変数で，独立性，等分散性，正規性を仮定するが，これを $\varepsilon \sim NID(0, \sigma^2)$ と表す．$\alpha_i, \beta_j, \ldots$ は温度や圧力のように水準によって決まる値をもつ因子を**母数因子**と呼び，母数として扱い $\sum_i \alpha_i = 0, \sum_j \beta_j = 0, \ldots$ などの制約を加える．このような構造モデルを**母数モデル** (fixed-effect model) という．一方，因子として，原料ロットなどのバラツキを調べるために取り上げる場合を**変量因子**と呼び，母数ではなく確率変数として扱うことになる．これを**変量モデル** (random-effect model) という．

本書では，母数因子のみを考え，1因子，2因子を取り上げる **1元配置** (one-way layout) 法，**2元配置** (two-way layout) 法，および母数因子と**ブロック因子**を含む**乱塊法** (randomized block design) について述べる．

5.2 1元配置

1因子のみを取り上げる実験が1元配置実験である．取り上げる因子を A，水準数を a，各水準での繰返し数を n とすれば，総数 $t = an$ 回の実験は時間，空間などについて無作為な順序で行うものとする．

(1) データの構造式と平方和の分解

t 回の実験は，表 5.1 のようなデータ形式に整理できる．A_i 水準の j 番目の確率変数 x_{ij} について，A_i 水準の水準計と平均を $x_{i\cdot}, \overline{x}_{i\cdot}$，総計と総平均を $x_{\cdot\cdot}, \overline{\overline{x}}$ と書き，添字の "・" は対応する i, j に関する和，"–" は平均をとる操作を表す．すなわち

$$x_{i\cdot} = \sum_{j=1}^{n} x_{ij}, \ \overline{x}_{i\cdot} = x_{i\cdot}/n, \ x_{\cdot\cdot} = \sum_{i=1}^{a} x_{i\cdot} = \sum_{i=1}^{a}\sum_{j=1}^{n} x_{ij}, \ \overline{\overline{x}} = x_{\cdot\cdot}/t \quad (5.2)$$

と定義する．

表 5.1　1 元配置のデータ形式

因子 A の水準	データ	水準計	平均
A_1	$x_{11}\ x_{12}\ \cdots\ x_{1n}$	$x_1.$	$\overline{x}_1.$
.	$\cdots$	.	.
A_i	$x_{i1}\ x_{i2}\ \cdots\ x_{in}$	$x_i.$	$\overline{x}_i.$
.	$\cdots$	.	.
A_a	$x_{a1}\ x_{a2}\ \cdots\ x_{an}$	$x_a.$	$\overline{x}_a.$

無作為化の結果，x_{ij} は互いに独立になる．データの構造式は

$$x_{ij} = \mu_i + \varepsilon_{ij} = \mu + \alpha_i + \varepsilon_{ij}, \quad \varepsilon_{ij} \sim NID(0, \sigma^2) \tag{5.3}$$

と書ける．ただし，

$$\mu = \sum_{i=1}^{a} \mu_i/a,\ \alpha_i = \mu_i - \mu,\ \sum_{i=1}^{a} \alpha_i = 0 \tag{5.4}$$

とする．$\mu_i(i=1,2,\ldots,a)$ は x_{ij} の期待値（**母平均**）であり，μ_i から一般平均 μ と A_i 水準の主効果 α_i が定義される．

個々のデータの総平均 $\overline{x}$ に対する**総変動** S_T

$$S_T = \sum_{i=1}^{a} \sum_{j=1}^{n} (x_{ij} - \overline{x})^2 \tag{5.5}$$

が，x_{ij} の $A_1, A_2, \ldots, A_a$ ごとの平均 $\overline{x}_i.$ に対するバラツキ（**誤差変動**）

$$S_e = \sum_{i=1}^{a} \sum_{j=1}^{n} (x_{ij} - \overline{x}_i.)^2 \tag{5.6}$$

と，$\overline{x}_i.$ の総平均 $\overline{x}$ に対する変動（**処理間変動**）

$$S_A = n \sum_{i=1}^{a} (\overline{x}_i. - \overline{x})^2 \tag{5.7}$$

に分解される．ゆえに，

$$S_T = S_A + S_e \tag{5.8}$$

となる．(5.8) 式の各項はいずれも 2 乗和で定義され，**平方和** (Sum of Squares: ss) と呼ばれる．この左辺，右辺第 1 項，および右辺第 2 項をそれぞれ**総平方和**，**処理間平方和**，**誤差平方和**と呼ぶ．処理間平方和は **A 間平方和**とも呼ばれる．

(2) 平方和の期待値と平均平方

(5.3) 式の $x_{ij} = \mu + \alpha_i + \varepsilon_{ij}$ より

$$\overline{x}_{i\cdot} = \mu + \alpha_i + \overline{\varepsilon}_{i\cdot}$$

$$\overline{\overline{x}} = \mu + \sum_{i=1}^{a} \alpha_i + \overline{\varepsilon}$$

を得る．誤差の平方和へこれらを代入すると

$$\begin{aligned} S_e &= \sum_{i=1}^{a}\sum_{j=1}^{n}(x_{ij}-\overline{x}_{i\cdot})^2 \\ &= \sum_{i=1}^{a}\sum_{j=1}^{n}(\mu+\alpha_i+\varepsilon_{ij}-\mu-\alpha_i-\overline{\varepsilon}_{i\cdot})^2 \\ &= \sum_{i=1}^{a}\sum_{j=1}^{n}(\varepsilon_{ij}-\overline{\varepsilon}_{i\cdot})^2 \end{aligned} \tag{5.9}$$

となる．この期待値

$$E[S_e] = \sum_{i=1}^{a}\sum_{j=1}^{n} E\left[(\varepsilon_{ij}-\overline{\varepsilon}_{i\cdot})^2\right] \tag{5.10}$$

は，

$$E[S_e] = \sum_{i=1}^{a}\sum_{j=1}^{n}\left(\frac{n-1}{n}\sigma^2\right) = a(n-1)\sigma^2 \tag{5.11}$$

となる．

処理間平方和については

$$S_A = \sum_{i=1}^{a}\sum_{j=1}^{n}\left(\overline{x}_{i\cdot}-\overline{\overline{x}}\right)^2 = \sum_{i=1}^{a}\sum_{j=1}^{n}\left\{\alpha_i+\left(\overline{\varepsilon}_{i\cdot}-\overline{\overline{\varepsilon}}\right)\right\}^2 \tag{5.12}$$

より
$$\begin{aligned} E[S_A] &= n\sum_{i=1}^{a}\alpha_i^2 + \sum_{i=1}^{a}\sum_{j=1}^{n}\left\{\left(\frac{a-1}{an}\right)\sigma^2\right\} \\ &= n\sum_{i=1}^{a}\alpha_i^2 + (a-1)\sigma^2 \end{aligned} \quad (5.13)$$

となる．ここで，
$$\sigma_A^2 = \sum_{i=1}^{a}\alpha_i^2/(a-1) \quad (5.14)$$

とおくと
$$E[S_A] = n(a-1)\sigma_A^2 + (a-1)\sigma^2 \quad (5.15)$$

を得る．

平方和を対応する**自由度** ($Degrees\ of\ Freedom$: df) で割った統計量が**平均平方** ($Mean\ Squares$: ms) で，記号 V で表すと

$$\left.\begin{aligned} V_A &= S_A/\phi_A \\ V_e &= S_e/\phi_e \end{aligned}\right\} \quad (5.16)$$

となる．平均平方の期待値は，(5.11)，(5.15) 式より

$$\left.\begin{aligned} E[V_A] &= E[S_A]/(a-1) = \sigma^2 + n\sigma_A^2 \\ E[V_e] &= E[S_e]/\{a(n-1)\} = \sigma^2 \end{aligned}\right\} \quad (5.17)$$

である．

(3) 分散分析

(5.17) 式において，$\sigma_A^2 = 0$ なら V_A を V_e で割った比 $F_0 = V_A/V_e$ は，定理 4.6 より自由度 (ϕ_A, ϕ_e) の F 分布に従う．(5.4)，(5.14) 式より，σ_A^2 は処理効果の大きさを表し，$\sigma_A^2 = 0$ は $\alpha_1 = \alpha_2 = \cdots = \alpha_A = 0$ と等価である．

帰無仮説 $H_0 : \sigma_A^2 = 0$，すなわち $\alpha_i = 0\ (i = 1, 2, \ldots, a)$

対立仮説 $H_1 : \sigma_A^2 > 0$，すなわち少なくとも 1 つの $\alpha_i \neq 0\ (i = 1, 2, \ldots, a)$

の検定は，有意水準を α として

$$\left. \begin{array}{l} 検定統計量 : F_0 = V_A/V_e \\ H_0 の棄却域 : F_0 \geq F(\phi_A, \phi_e; \alpha) \end{array} \right\} \quad (5.18)$$

によって行うことができる．ただし，$\sigma_A^2 \geq 0$ より H_0 の棄却域は，F 分布の右裾のみに設定され，片側検定とする点に注意を要する．

分散分析の手順は，次のようになる．

手順 1　データの構造式を

$$x_{ij} = \mu_i + \varepsilon_{ij} = \mu + \alpha_i + \varepsilon_{ij}, \quad \varepsilon_{ij} \sim NID(0, \sigma^2) \quad (5.19)$$

とする．

手順 2　修正項 CT の計算

$$CT = x_{..}^2/(an) \quad (5.20)$$

手順 3　平方和および自由度の計算

$$\left. \begin{array}{l} S_T = \sum_{i=1}^{a} \sum_{j=1}^{n} (x_{ij} - \overline{\overline{x}})^2 = \sum_{i=1}^{a} \sum_{j=1}^{n} x_{ij}^2 - CT, \quad \phi_T = an - 1 \\ S_A = n \sum_{i=1}^{a} (\overline{x}_{i\cdot} - \overline{\overline{x}})^2 = \dfrac{\sum_{i=1}^{a} x_{i\cdot}^2}{n} - CT, \quad \phi_A = a - 1 \\ S_e = \sum_{i=1}^{a} \sum_{j=1}^{n} (x_{ij} - \overline{x}_{i\cdot})^2 = S_T - S_A, \phi_e = \phi_T - \phi_A = a(n-1) \end{array} \right\} \quad (5.21)$$

手順 4　分散分析表の作成

表 5.2　分散分析表

sv	ss	df	ms	F_0	$E[ms]$
処理間 A	S_A	ϕ_A	$V_A = S_A/\phi_A$	V_A/V_e	$\sigma^2 + n\sigma_A^2$
誤差 e	S_e	ϕ_e	$V_e = S_e/\phi_e$	—	σ^2
計	S_T	ϕ_T	—		

例題 5.1　表 5.3 は，ある化学薬品の純度 (%) を高めるため，因子として反応温度 A を取り上げて検討した．因子 A の 3 水準を $A_1 = 100°\text{C}$，$A_2 = 110°\text{C}$，$A_3 = 120°\text{C}$ とし，各水準で $n = 4$ の繰返しを行った 1 元配置実験の例である．

表 5.3 化学薬品の純度

温度	データ	$\bar{x}_i$
$A_1(100)°C$	85 83 89 87	86.0
$A_2(110)°C$	88 91 92 93	91.0
$A_3(120)°C$	92 89 87 92	90.0

【解答】 実際の分散分析は，次のように行えばよい．

手順1 データの構造式を

$$x_{ij} = \mu + \alpha_i + \varepsilon_{ij}, \ \sum_{i=1}^{3} \alpha_i = 0, \ \varepsilon_{ij} \sim NID(0, \sigma^2)$$

とする．

手順2 修正項 CT の計算

$$CT = x_{..}^2/(an) = 1068^2/(3 \times 4) = 95052.0$$

手順3 平方和および自由度の計算

$$S_T = \sum_{i=1}^{3}\sum_{j=1}^{4} x_{ij}^2 - CT = 95160 - 95052.0 = 108.0$$
$$\phi_T = 3 \times 4 - 1 = 11$$
$$S_A = \sum_{i=1}^{3} x_{i.}^2/4 - CT = 95108 - 95052.0 = 56.0$$
$$\phi_A = 3 - 1 = 2$$
$$S_e = S_T - S_A = 108.0 - 56.0 = 52.0$$
$$\phi_e = \phi_T - \phi_A = 11 - 2 = 9$$

手順4 分散分析表の作成

表 5.4 分散分析表

sv	ss	df	ms	F_0	$E[ms]$
処理間 A	56.0	2	28.0	4.85*	$\sigma^2 + 4\sigma_A^2$
誤差 e	52.0	9	5.78	—	σ^2
計	108.0	11	—		

$F(2, 9; 0.05) = 4.256, F(2, 9; 0.01) = 8.022$

処理間に有意水準 5%で有意差が認められる．すなわち，反応温度の水準により，得られる化学薬品の純度に差があるといえる．

ここで，例題 5.1 の 1 元配置実験の例について，R を用いて分散分析を行う．R プログラム

```
# 例題5.1   1元配置法
>library(plotrix)
>A<-c(rep("A1",4),rep("A2",4),rep("A3",4))
>x<-c(85,83,89,87,88,91,92,93,92,89,87,92)
>rei5.1<-data.frame(A,x)
>summary(aov(x~A,data=rei5.1))   # 1元配置分散分析表
>brkdn.plot("x","A",groups=NA,rei5.1,main="平均値と標準誤差",mct="mean",
md="std.error",
   ylab="純度",xlab="反応温度（A）",pch=1,lty=1)
```

を採用する．その結果，分散分析表および各水準における平均値と標準誤差，各水準ごとの平均値 ± 標準誤差のグラフ（図 5.1）が得られる．なお，図 5.1 を描くためには library(plotrix) をインストロールしておく必要がある．

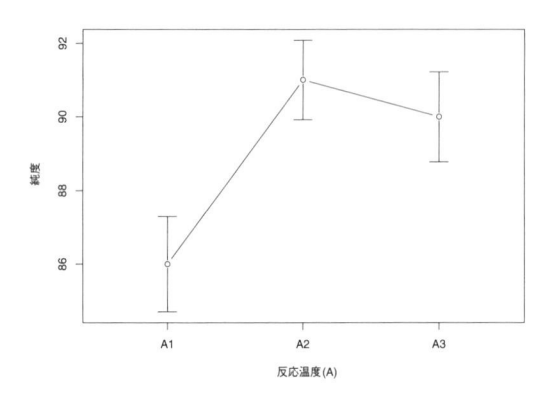

図 **5.1** 平均値 ± 標準誤差のプロット

```
          Df Sum Sq Mean Sq F value  Pr(>F)
A          2     56 28.0000  4.8462 0.03729 *
Residuals  9     52  5.7778
---
```

```
Signif. codes:  0 '***' 0.001 '**' 0.01 '*' 0.05 '.' 0.1 ' ' 1
$mean
     [,1] [,2] [,3]
[1,]  86   91   90              :各水準の平均
$std.error
         [,1]     [,2]     [,3]
[1,] 1.290994 1.080123 1.224745  :各水準の標準誤差
```

なお，各水準の標準誤差は定理 2.10 で定義されている．それが図 5.1 のグラフの平均 $\bar{x}$ の上と下に引かれている．

(4) 繰返し数が異なる場合

水準によって繰返し数が異なり A_i 水準で n_i，総実験回数が $t = \sum_{i=1}^{a} n_i$ である場合の変更点について示す．データの構造式は，(5.3) 式と同様に

$$x_{ij} = \mu_i + \varepsilon_{ij} = \mu + \alpha_i + \varepsilon_{ij}, \ \varepsilon_{ij} \sim NID(0, \sigma^2) \tag{5.22}$$

とするが，α_i の制約は (5.4) 式の代わりに

$$\mu = \sum_{i=1}^{a} n_i \mu_i / t, \ \alpha_i = \mu_i - \mu, \ \sum_{i=1}^{a} n_i \alpha_i = 0 \tag{5.23}$$

となる．

$$\begin{aligned}
\hat{\mu}_i &= \bar{x}_{i.} = \sum_{j=1}^{n_i} x_{ij} \bigg/ n_i = x_{i.}/n_i, \\
\hat{\mu} &= \bar{\bar{x}} = \sum_{i=1}^{a}\sum_{j=1}^{n_i} x_{ij} \bigg/ t, \ CT = \left(\sum_{i=1}^{a}\sum_{j=1}^{n_i} x_{ij}\right)^2 \bigg/ t
\end{aligned} \tag{5.24}$$

により，平方和と自由度を

$$\left.\begin{aligned}
S_T &= \sum_{i=1}^{a}\sum_{j=1}^{n_i} \left(x_{ij} - \bar{\bar{x}}\right)^2 = \sum_{i=1}^{a}\sum_{j=1}^{n_i} x_{ij}^2 - CT, \quad \phi_T = t-1 \\
S_A &= \sum_{i=1}^{a} n_i \left(\bar{x}_{i.} - \bar{\bar{x}}\right)^2 = \sum_{i=1}^{a} x_{i.}^2/n_i - CT, \quad \phi_A = a-1 \\
S_e &= \sum_{i=1}^{a}\sum_{j=1}^{n_i} \left(x_{ij} - \bar{x}_{i.}\right)^2 = S_T - S_A, \quad \phi_e = t-a
\end{aligned}\right\} \tag{5.25}$$

のように計算すればよい．ただし，

$$\left.\begin{array}{l} E[V_A] = E(S_A/\phi_A) = \sigma^2 + \sum_{i=1}^{a} n_i \alpha_i^2/\phi_A \\ E[V_e] = E(S_e/\phi_e) = \sigma^2 \end{array}\right\} \quad (5.26)$$

である．

(5) 分散分析後の解析

分散分散と併せて，最適水準における母平均を推定したり，特定の水準間の差を推定しなければならない場面もあろう．以下に，母平均の推定，母平均の差の推定と検定を取り上げる．

① 処理母平均の推定

母平均の推定を行う．A_i 水準の繰返し数を n_i，母平均を $\mu(A_i)$，その推定量を $\hat{\mu}(A_i)$ で示すと

$$\text{点推定}: \hat{\mu}(A_i) = \hat{\mu} + \hat{\alpha}_i = \overline{x}_{i\cdot} \quad (5.27)$$

$$100(1-\alpha)\%\text{信頼区間}: \left[\overline{x}_{i\cdot} - t(\phi_e, \alpha)\sqrt{V_e/n_i}, \overline{x}_{i\cdot} + t(\phi_e, \alpha)\sqrt{V_e/n_i}\right] \quad (5.28)$$

となる[注5.1]．

② 処理間の差の推定

1元配置実験で水準 A_i と $A_{i'}$ との母平均の差 $\mu(A_i) - \mu(A_{i'})$ について

$$\text{点推定}: \hat{\mu}(A_i) - \hat{\mu}(A_{i'}) = \overline{x}_{i\cdot} - \overline{x}_{i'\cdot} \quad (5.29)$$

で与えられる．この分散は，定理2.8および2.9より

$$Var[\hat{\mu}(A_i) - \hat{\mu}(A_{i'})] = \left(\frac{1}{n_i} + \frac{1}{n_{i'}}\right)\sigma^2 \quad (5.30)$$

[注5.1] 一般に効果 θ(例えば，$\mu + \alpha_i$) などの $100(1-\alpha)\%$信頼区間は

$$\left[\hat{\theta} - t(\phi, \alpha)\sqrt{\widehat{Var}\left(\hat{\theta}\right)}, \hat{\theta} + t(\phi, \alpha)\sqrt{\widehat{Var}\left(\hat{\theta}\right)}\right]$$

で与えられる．ここに，ϕ は分散推定の自由度である．

となる．ただし，(5.30) 式右辺の σ^2 は，(5.26) 式の誤差分散 $\hat{\sigma}^2 = V_e$ で推定し，

$$\widehat{Var}[\hat{\mu}(A_i) - \hat{\mu}(A_{i'})] = \left(\frac{1}{n_i} + \frac{1}{n_{i'}}\right)V_e \tag{5.31}$$

となる．よって，$\mu(A_i) - \mu(A_{i'})$ の $100(1-\alpha)\%$ 信頼区間:

$$\begin{bmatrix} \overline{x}_{i.} - \overline{x}_{i'.} - t(\phi_e, \alpha)\sqrt{(1/n_i + 1/n_{i'})V_e}, \\ \overline{x}_{i.} - \overline{x}_{i'.} + t(\phi_e, \alpha)\sqrt{(1/n_i + 1/n_{i'})V_e} \end{bmatrix} \tag{5.32}$$

が求まる．

③ 処理間の差の検定

特定の 2 つの処理の検定には，**最小有意差** (*least significant difference*: *lsd*)

$$lsd = t(\phi_e, \alpha)\sqrt{(1/n_i + 1/n_{i'})V_e} \tag{5.33}$$

を計算し

$$棄却域 \ |\overline{x}_{i.} - \overline{x}_{i'.}| \geq lsd \tag{5.34}$$

とする．これは，水準 A_i と $A_{i'}$ との間に差がないという

$$帰無仮説 H_0: \mu_i = \mu_{i'}, \ 対立仮説 H_1: \mu_i \neq \mu_{i'}$$

を

$$t_0 = |\overline{x}_{i.} - \overline{x}_{i'.}|/\sqrt{(1/n_i + 1/n_{i'})V_e} \tag{5.35}$$

により検定するのと同じである．この方法を *lsd* 法と呼んでいる．

例題 5.2 例題 5.1 のデータについて分散分析後の解析を行え．

【解答】 A_i 水準の母平均の点推定値は，(5.27) 式より

$$A_1: \overline{x}_1 = 86.0, \ A_2: \overline{x}_2 = 91.0, \ A_3: \overline{x}_3 = 90.0$$

となる．A_i 水準の母平均の 95% 信頼区間の幅 ($\pm Q$) は，(5.28) 式より

$$Q = t(\phi_e, \alpha)\sqrt{V_e/n_i} = t(9; 0.05)\sqrt{5.78/4} = 2.262 \times 1.20 = 2.72$$

となる．

Rプログラムは，

```
>qt(1-0.05/2,9)*sqrt(5.78/4)
```

と入力すれば 2.72 となる．95%信頼区間は表 5.5 のようになり，最適水準は A_2 である．

表 5.5 信頼区間

水準	点推定	信頼区間
A_1	86.0	[83.3, 88.7]
A_2	91.0	[88.3, 93.7]
A_3	90.0	[87.3, 92.7]

また，最大値を得る水準と最小値を得る水準間に差があるかどうかを (5.33) 式の lsd

$$t(9;0.05)\sqrt{\left(\frac{1}{4}+\frac{1}{4}\right)\times 5.78}=2.262\times 1.70=3.85$$

を用いて検定すると

$$91-86=5>lsd=3.85$$

を得，有意水準 5%で有意差が認められる．Rプログラムは，

```
>qt(0.975,9)*sqrt(2*5.78/4)
```

と入力すれば 3.85 となる．

④ **多重比較**

前項で述べた lsd 法は，特定の 2 つの処理間の検定を行うときに用いる方法であり，α はこの検定を 1 回行うときの有意水準である．多くの処理間の差を調べたいとき，2 処理を対にして，1 つ 1 つの検定を有意水準 α で繰り返し行えば，全体としての有意水準は α より大きくなる．処理間の比較で，どこかで有意差を検出する確率を全体として α に調整しようとする検定法が多重比較法である．

多重比較法にはいくつかあるが，ここでは**ボンフェローニ** (Bonferroni) の方法，**テューキー** (Tukey) の方法を取り上げる．

[ボンフェローニの方法]

ボンフェローニの不等式に基づく方法である．ボンフェローニの不等式

$$\Pr\{E_1 \cup E_2 \cup \cdots \cup E_k\} \leq \Pr\{E_1\} + \Pr\{E_2\} + \cdots + \Pr\{E_k\} \quad (5.36)$$

の左辺は，k 個の事象 E_i のうち少なくても 1 つが成り立つ確率を表し，右辺は各事象 E_i を加えた確率である．ここで，k 個の仮説検定を繰り返したとしよう．左辺は k 回の検定のうち少なくとも 1 回は仮説 H_0 が棄却される確率であり，右辺は H_0 が棄却された確率の和である．$\Pr\{E_i\}$ を α/k とすれば，(5.36) 式の右辺は

$$\Pr\{E_1\} + \Pr\{E_2\} + \cdots \Pr\{E_k\} \leq k \times \alpha/k = \alpha \quad (5.37)$$

となる．すなわち，k 個の仮説検定を行う場合，全体としての有意水準を α とするために，1 つ 1 つの検定の有意水準を α/k に調整しようというのが本法である．この方法は簡便であり，適用場面が多い．しかし，比較する個数が多くなると有意になりにくくなる．1 元配置実験で，水準 A_i と $A_{i'}$ を比較するとき，$H_0 : \mu_i = \mu_{i'}$ の棄却域は

$$|\overline{x}_{i\cdot} - \overline{x}_{i'\cdot}| \geq t(\phi_e, \alpha/k)\sqrt{(1/n_i + 1/n_{i'})V_e} \quad (5.38)$$

となる．

[テューキーの方法]

すべての処理間の比較を行う際，スチューデント化された範囲を用いる検定法である．この方法は，**wsd** (wholly significant difference) 法，**テューキーの hsd** (honestly significant difference) 法とも呼ばれている．水準 A_i と $A_{i'}$ を比較するとき，$H_0 : \mu_i = \mu_{i'}$ の棄却域は

$$|\overline{x}_{i\cdot} - \overline{x}_{i'\cdot}| \geq q_\alpha(a, \phi_e)/\sqrt{2} \times \sqrt{(1/n_i + 1/n_{i'})V_e} \quad (5.39)$$

となる．$q_\alpha(a, \phi_e)$ はスチューデント化された範囲の $100\alpha\%$ 点である．$q_\alpha(a, \phi_e)$ の値は，R の関数 qtukey $((1-\alpha), a, \phi_e)$ を用いて求めることができる．

例題5.1について，水準A_iと$A_{i'}$を比較するとき，帰無仮説$H_0: \mu_i = \mu_{i'}$の棄却域を，ボンフェローニ法およびテューキー法で求めると

ボンフェローニ法：$t(9; 0.05/3)\sqrt{(1/4 + 1/4)5.75} = 2.933 \times 1.70 = 4.99$

テューキー法：$q_{0.05}(3, 9)/\sqrt{2} \times \sqrt{(1/4 + 1/4)5.75} = 3.948/1.414 \times 1.70 = 4.75$

となる．母平均の差はA_1対$A_2 = 5.0$，A_1対$A_3 = 4.0$，A_2対$A_3 = 1.0$であり，ボンフェローニ法による検定では，有意水準5%の棄却域4.99より大きいA_1対$A_2 = 5.0$の比較において有意な差が認められる．テューキー法でもA_1対A_2の比較で有意な差が認められる．

ここで，例題5.1の1元配置実験の例についてRを用いて，母平均の推定，および多重比較法で処理間の比較を行った結果を示す．先ほどの分散分析のRプログラムに

```
>pairwise.t.test(rei5.1$x,rei5.1$A,p.adjust.method="bonferroni")
# Bonferroni
>TukeyHSD(aov(x~A,data=rei5.1)) # Tukey
```

を続けると

```
> pairwise.t.test(rei5.1$x,rei5.1$A,p.adjust.method="bonferroni")
# Bonferroni
        Pairwise comparisons using t tests with pooled SD
data:  rei5.1$x and rei5.1$A
    A1    A2
A2 0.049  -                    ：$A_1$対$A_2$の$p$値
A3 0.129  1.000                ：$A_1$対$A_3$の$p$値，$A_2$対$A_3$の$p$値
P value adjustment method: bonferroni
> TukeyHSD(aov(x~A,data=rei5.1)) # Tukey
  Tukey multiple comparisons of means
    95% family-wise confidence level
Fit: aov(formula = x ~ A, data=rei5.1)
  F
       diff       lwr       upr    p adj
A2-A1    5  0.2545030 9.745497 0.0395847   ：差$A_2-A_1$の値，下限，上限，$p$値
A3-A1    4 -0.7454970 8.745497 0.0986620
```

```
A3-A2    -1 -5.7454970 3.745497 0.8296490
```

が得られる．なお，出力結果のボンフェローニの方法における p 値の算出法は次のようになる．例えば，A_1 対 A_2 の場合，$|\bar{x}_1 - \bar{x}_2| = |86.0 - 91.0| = 5.0$ より

$$\frac{|\bar{x}_1 - \bar{x}_2|}{\sqrt{(1/n_1 + 1/n_2)V_e}} = \frac{5.0}{1.70} = 2.941$$

を得る．よって，上側確率 $P/2$（p 値/2）は R プログラムで

```
>1-pt(2.941,9)
```

と入力すれば 0.00823 となり，p 値 $= 0.00823 \times 2 = 0.01646$ が求まる．ボンフェローニの方法の p 値は (5.37) 式より α/k であるから $0.01646 \times 3 = 0.049$ となる．

5.3 2元配置

前節では，x_{ij} に影響を与える要因として，1つの因子 A のみを取り上げた．しかし，複数の因子を同時に取り上げる実験では，データに影響を与える効果の大きさが，他の因子の水準によって異なることもある．因子水準の組合せによって，生ずる効果を**交互作用効果**（interaction effect）と呼び，主効果と区別する．2因子実験では交互作用効果を含めて，取り上げた因子の因子別の要因効果の有無や大きさを評価し，最適条件を求める．

(1) 主効果と交互作用効果

2つの因子 A, B の水準数をそれぞれ a, b とする．ab 個の処理を無作為に $n(\geq 2)$ 回繰り返す実験を考える．処理 A_iB_j での k 番目の確率変数を x_{ijk}，その期待値を $\mu_{ij} = E[x_{ijk}]$ $(i = 1, \ldots, a; j = 1, \ldots, b; k = 1, \ldots, n)$ とすると，データの構造式は

$$x_{ijk} = \mu_{ij} + \varepsilon_{ijk}, \quad \varepsilon_{ijk} \sim NID(0, \sigma^2) \tag{5.40}$$

と書ける．ここで，μ_{ij} の各因子の水準 A_iB_j での平均と総平均を

$$\mu_{i.} = \sum_{j=1}^{b} \mu_{ij}/b, \ \mu_{.j} = \sum_{i=1}^{a} \mu_{ij}/a, \ \mu = \sum_{i=1}^{a}\sum_{j=1}^{b} \mu_{ij}/(ab) \tag{5.41}$$

と定義する．さらに，A_iB_j 条件での処理効果 μ_{ij} は，因子 A, B による主効果 α_i, β_j, 交互作用効果 $(\alpha\beta)_{ij}$ $(i=1,2,\ldots,a;\ j=1,2,\ldots,b)$ を

$$\alpha_i = \mu_{i.} - \mu, \ \beta_j = \mu_{.j} - \mu, \ (\alpha\beta)_{ij} = \mu_{ij} - \mu_{i.} - \mu_{.j} + \mu \tag{5.42}$$

と定義すると，

$$\begin{aligned}\mu_{ij} &= \mu + (\mu_{i.} - \mu) + (\mu_{.j} - \mu) + (\mu_{ij} - \mu_{i.} - \mu_{.j} + \mu) \\ &= \mu + \alpha_i + \beta_j + (\alpha\beta)_{ij}\end{aligned} \tag{5.43}$$

に分解できる．α_i, β_j, $(\alpha\beta)_{ij}$ について

$$\sum_{i=1}^{a} \alpha_i = 0, \ \sum_{j=1}^{b} \beta_j = 0, \ \sum_{i=1}^{a}(\alpha\beta)_{ij} = \sum_{j=1}^{b}(\alpha\beta) = 0 \tag{5.44}$$

の制約条件が付加される．

(2) データの構造式と平方和の分解

処理 A_iB_j における k 番目の確率変数 x_{ijk} は

$$x_{ijk} = \mu + \alpha_i + \beta_j + (\alpha\beta)_{ij} + \varepsilon_{ijk}, \quad \varepsilon_{ijk} \sim NID(0, \sigma^2) \tag{5.45}$$

と書ける．ただし，

$$\sum_{i=1}^{a} \alpha_i = \sum_{j=1}^{b} \beta_j = \sum_{i=1}^{a}(\alpha\beta)_{ij} = \sum_{j=1}^{b}(\alpha\beta)_{ij} = 0 \tag{5.46}$$

とする．また

$$\left.\begin{aligned}\overline{x}_{ij.} &= \mu + \alpha_i + \beta_j + (\alpha\beta)_{ij} + \overline{\varepsilon}_{ij.}, \ \overline{\varepsilon}_{ij.} \sim NID(0, \sigma^2/n) \\ \overline{x}_{i..} &= \mu + \alpha_i + \overline{\varepsilon}_{i..}, \ \overline{\varepsilon}_{i..} \sim NID(0, \sigma^2/(bn)) \\ \overline{x}_{.j.} &= \mu + \beta_j + \overline{\varepsilon}_{.j.}, \ \overline{\varepsilon}_{.j.} \sim NID(0, \sigma^2/(an)) \\ \overline{\overline{x}} &= \mu + \overline{\overline{\varepsilon}}, \ \overline{\overline{\varepsilon}} \sim NID(0, \sigma^2/(abn))\end{aligned}\right\} \tag{5.47}$$

である.

1因子の場合と同様に,総平方和

$$S_T = \sum_{i=1}^{a}\sum_{j=1}^{b}\sum_{k=1}^{n}(x_{ijk}-\overline{\overline{x}})^2 \tag{5.48}$$

を

$$S_T = n\sum_{i=1}^{a}\sum_{j=1}^{b}(\overline{x}_{ij.}-\overline{\overline{x}})^2 + \sum_{i=1}^{a}\sum_{j=1}^{b}\sum_{k=1}^{n}(x_{ijk}-\overline{x}_{ij.})^2$$

と分解する.ここで,**処理 (AB) 間平方和** S_{AB},**誤差平方和** S_e を

$$S_{AB} = n\sum_{i=1}^{a}\sum_{j=1}^{b}\left(\overline{x}_{ij.}-\overline{\overline{x}}\right)^2 \tag{5.49}$$

$$S_e = \sum_{i=1}^{a}\sum_{j=1}^{b}\sum_{k=1}^{n}(x_{ijk}-\overline{x}_{ij.})^2 \tag{5.50}$$

と定義すると

$$S_T = S_{AB} + S_e \tag{5.51}$$

と書ける.

さらに,処理 (AB) 間平方和を

$$\begin{aligned}
S_{AB} &= n\sum_{i=1}^{a}\sum_{j=1}^{b}\left(\overline{x}_{ij.}-\overline{\overline{x}}\right)^2 \\
&= bn\sum_{i=1}^{a}\left(\overline{x}_{i..}-\overline{\overline{x}}\right)^2 + an\sum_{j=1}^{b}\left(\overline{x}_{.j.}-\overline{\overline{x}}\right)^2 \\
&\quad + n\sum_{i=1}^{a}\sum_{j=1}^{b}\left(\overline{x}_{ij.}-\overline{x}_{i..}-\overline{x}_{.j.}+\overline{\overline{x}}\right)^2
\end{aligned} \tag{5.52}$$

に分解する.ここで,

主効果 $\begin{cases} A \text{ 間平方和}: S_A = bn\sum_{i=1}^{a}\left(\overline{x}_{i..}-\overline{\overline{x}}\right)^2 \\ B \text{ 間平方和}: S_B = an\sum_{j=1}^{b}\left(\overline{x}_{.j.}-\overline{\overline{x}}\right)^2 \end{cases}$

(5.53)

交互作用効果（$A \times B$ 間平方和）：

$$S_{A \times B} = n \sum_{i=1}^{a} \sum_{j=1}^{b} \left(\overline{x}_{ij\cdot} - \overline{x}_{i\cdot\cdot} - \overline{x}_{\cdot j\cdot} + \overline{\overline{x}}\right)^2 \tag{5.54}$$

と定義する．よって

$$S_{AB} = S_A + S_B + S_{A \times B} \tag{5.55}$$

より

$$\begin{aligned} S_T &= S_{AB} + S_e \\ &= S_A + S_B + S_{A \times B} + S_e \end{aligned} \tag{5.56}$$

を得る．

自由度は

$$\left. \begin{aligned} \phi_T &= abn - 1 \\ \phi_A &= a - 1 \\ \phi_B &= b - 1 \\ \phi_{AB} &= ab - 1 \\ \phi_{A \times B} &= \phi_{AB} - \phi_A - \phi_B = ab - 1 - (a-1) - (b-1) \\ &= (a-1)(b-1) = \phi_A \times \phi_B \end{aligned} \right\} \tag{5.57}$$

となる．

(3) 分散分析

繰返しのある 2 元配置の分散分析は，次のようになる．

<u>手順 1</u>　データの構造式を

$$x_{ijk} = \mu + \alpha_i + \beta_j + (\alpha\beta)_{ij} + \varepsilon_{ijk}, \quad \varepsilon_{ijk} \sim NID(0, \sigma^2) \tag{5.58}$$

とする．ただし，

$$\sum_{i=1}^{a} \alpha_i = \sum_{j=1}^{b} \beta_j = \sum_{i=1}^{a} (\alpha\beta)_{ij} = \sum_{j=1}^{b} (\alpha\beta)_{ij} = 0 \tag{5.59}$$

である．

手順2　修正項 CT の計算

$$CT = x_{...}^2/(abn) \tag{5.60}$$

手順3　平方和と自由度の計算

$$S_T = \sum_{i=1}^{a}\sum_{j=1}^{b}\sum_{k=1}^{n} x_{ijk}^2 - CT, \quad \phi_T = abn-1 \tag{5.61}$$

$$S_{AB} = n\sum_{i=1}^{a}\sum_{j=1}^{b}\left(\overline{x}_{ij\cdot}-\overline{\overline{x}}\right)^2 = \frac{\sum_{i=1}^{a}\sum_{j=1}^{b} x_{ij\cdot}^2}{n} - CT, \quad \phi_{AB} = ab-1 \tag{5.62}$$

$$S_e = S_T - S_{AB}, \quad \phi_e = \phi_T - \phi_{AB} \tag{5.63}$$

$$S_A = bn\sum_{i=1}^{a}\left(\overline{x}_{i\cdot\cdot}^2-\overline{\overline{x}}\right)^2 = \frac{\sum_{i=1}^{a} x_{i\cdot\cdot}^2}{bn} - CT, \quad \phi_A = a-1 \tag{5.64}$$

$$S_B = an\sum_{j=1}^{b}\left(\overline{x}_{\cdot j\cdot}^2-\overline{\overline{x}}\right)^2 = \frac{\sum_{j=1}^{b} x_{\cdot j\cdot}^2}{an} - CT, \quad \phi_B = b-1 \tag{5.65}$$

$$S_{A\times B} = S_{AB} - S_A - S_B, \quad \phi_{A\times B} = \phi_{AB} - \phi_A - \phi_B \tag{5.66}$$

手順4　分散分析表の作成

表 5.6　分散分析表

sv	ss	df	ms	F_0	$E[ms]$
A	S_A	ϕ_A	$V_A = S_A/\phi_A$	V_A/V_e	$\sigma^2 + bn\sigma_A^2$
B	S_B	ϕ_B	$V_B = S_B/\phi_B$	V_B/V_e	$\sigma^2 + an\sigma_B^2$
$A\times B$	$S_{A\times B}$	$\phi_{A\times B}$	$V_{A\times B} = S_{A\times B}/\phi_{A\times B}$	$V_{A\times B}/V_e$	$\sigma^2 + n\sigma_{A\times B}^2$
誤差 e	S_e	ϕ_e	$v_e = s_e/\phi_e$	—	σ^2
計	S_T	ϕ_T	—		

例題 5.3　金属製品の破断強度（単位略）を高めるため，添加物の種類 (A) と加工温度 (B) をそれぞれ3水準および4水準にとり，繰返し $n=2$ の完全無作為実験を行った．その結果，表5.7が得られた．分散分析を行え．

表 5.7　金属製品の破断強度（単位略）

	B_1	B_2	B_3	B_4
A_1	17.0　16.1	16.5　17.5	16.3　17.1	17.0　15.9
A_2	18.5　19.5	19.3　20.5	17.6　18.5	18.2　17.0
A_3	18.1　19.0	19.9　21.3	20.4　19.4	17.5　18.2

【解答】　分散分析は，次のとおりである．

手順 1　データの構造式を

$$x_{ijk} = \mu + \alpha_i + \beta_j + (\alpha\beta)_{ij} + \varepsilon_{ijk}, \quad \varepsilon_{ijk} \sim NID(0, \sigma^2)$$

とする．ただし，

$$\sum_{i=1}^{3} \alpha_i = \sum_{j=1}^{4} \beta_j = \sum_{i=1}^{3} (\alpha\beta)_{ij} = \sum_{j=1}^{4} (\alpha\beta)_{ij} = 0$$

である．

手順 2　修正項 CT の計算

$$CT = x_{...}^2/(abn) = 436.3^2/24 = 7931.570, \quad (t = 24)$$

手順 3　平方和と自由度の計算

$$S_T = \sum_{i=1}^{a} \sum_{j=1}^{b} \sum_{k=1}^{n} x_{ijk}^2 - CT = 50.860, \quad \phi_T = 23$$

$$S_{AB} = n \sum_{i=1}^{a} \sum_{j=1}^{b} \left(\overline{x}_{ij.} - \overline{\overline{x}}\right)^2 = \frac{\sum_{i=1}^{a} \sum_{j=1}^{b} x_{ij.}^2}{n} - CT = 44.555, \quad \phi_{AB} = 11$$

$$S_e = S_T - S_{AB} = 6.305, \phi_e = 12 \quad S_A = \frac{\sum_{i=1}^{a} x_{i..}^2}{bn} - CT = 28.531, \quad \phi_A = 2$$

$$S_B = \frac{\sum_{j=1}^{b} x_{.j.}^2}{an} - CT = 10.625, \quad \phi_B = 3$$

$$S_{A \times B} = S_{AB} - S_A - S_B = 5.399, \quad \phi_{A \times B} = \phi_{AB} - \phi_A - \phi_B = 6$$

手順4　分散分析表の作成

表 5.8　分散分析表

sv	ss	df	ms	F_0	$E[ms]$
A	28.531	2	14.266	27.2**	$\sigma^2 + 8\sigma_A^2$
B	10.625	3	3.542	6.75**	$\sigma^2 + 6\sigma_A^2$
$A \times B$	5.399	6	0.900	1.71	$\sigma^2 + 2\sigma_A^2$
誤差 e	6.305	12	0.525	—	σ^2
計	50.860	23	—		

$F(2, 12, 0.01) = 6.927, F(3, 12, 0.01) = 5.953, F(6, 12, 0.05) = 2.996$

分散分析の結果，主効果 A および B は有意となったが，交互作用は有意とはいえない．

(4) 分散分析後の解析

分散分析後に行う処理母平均と処理母平均の差の推定では，交互作用効果を無視するか，しないかによって，以下に示すように解析法が異なる．また誤差分散は，分散分析の結果から考慮する因子のみをデータの構造式に残し，その構造のもとで推定した値を用いることになる．

① 処理母平均の推定

［繰返しのある2元配置で，交互作用を無視しない場合］

交互作用効果を無視しないときの構造は，(5.45) 式の $x_{ijk} = \mu + \alpha_i + \beta_j + (\alpha\beta)_{ij} + \varepsilon_{ijk}$ である．したがって，2因子の水準組合せ $A_i B_j$ のもとでの母平均

$$\mu(A_i B_j) = \mu + \alpha_i + \beta_j + (\alpha\beta)_{ij}$$

の推定は

$$\text{点推定}: \hat{\mu}(A_i B_j) = \hat{\mu} + \hat{\alpha}_i + \hat{\beta}_j + \widehat{(\alpha\beta)}_{ij} = \overline{x}_{ij.} \quad (5.67)$$

$100(1-\alpha)\%$ 信頼区間：$\left[\overline{x}_{ij.} - t(\phi_e, \alpha)\sqrt{V_e/n},\ \overline{x}_{ij.} + t(\phi_e, \alpha)\sqrt{V_e/n}\right]$ (5.68)

となる．

［繰返しのある2元配置で，交互作用を無視する場合］

交互作用効果を無視するときのデータの構造式は

$$x_{ijk} = \mu + \alpha_i + \beta_j + \varepsilon_{ijk}, \; \varepsilon_{ijk} \sim NID(0, \sigma^2) \tag{5.69}$$

であり，2因子の水準組合せ $A_i B_j$ のもとでの母平均は

$$\hat{\mu}(A_i B_j) = \hat{\mu} + \hat{\alpha}_i + \hat{\beta}_j = (\hat{\mu} + \hat{\alpha}_i) + (\hat{\mu} + \hat{\beta}_j) - \hat{\mu} = \overline{x}_{i..} + \overline{x}_{.j.} - \overline{\overline{x}} \tag{5.70}$$

と推定される．

次に，信頼区間を求めるには $\hat{\mu}(A_i B_j)$ の分散を求めなければならない．(5.47), (5.70) 式から

$$\hat{\mu}(A_i B_j) = \overline{x}_{i..} + \overline{x}_{.j.} - \overline{\overline{x}} = (\hat{\mu} + \hat{\alpha}_i + \hat{\beta}_j) + (\overline{\varepsilon}_{i..} + \overline{\varepsilon}_{.j.} - \overline{\overline{\varepsilon}}) \tag{5.71}$$

を得る．ゆえに，

$$Var\left[\hat{\mu}(A_i B_j)\right] = Var\left[\overline{x}_{i..} + \overline{x}_{.j.} - \overline{\overline{x}}\right] = Var\left[\overline{\varepsilon}_{i..} + \overline{\varepsilon}_{.j.} - \overline{\overline{\varepsilon}}\right] \tag{5.72}$$

となる．しかし，上式の $\overline{\varepsilon}_{i..}, \overline{\varepsilon}_{.j.}, \overline{\overline{\varepsilon}}$ は，例えば，ε_{ijk} が共通に含まれており，それらは互いに独立ではない．そのため

$$点推定量の分散 = \sigma^2 / n_e$$

とおく．n_e（これを，**有効反復数**という）を求めるための2つの式がある．

伊奈の式

$$1/n_e = 点推定量の式で，各合計にかかっている係数の和 \tag{5.73}$$

田口の式

$$\frac{1}{n_e} = \frac{(無視しない要因の自由度の和) + 1}{実験回数} \tag{5.74}$$

例えば，$\overline{x}_{i..} + \overline{x}_{.j.} - \overline{\overline{x}}$ の分散を求める際，伊奈の式を用いると，$\overline{x}_{i..}, \overline{x}_{.j.}, \overline{\overline{x}}$ はそれぞれ bn, an, abn 個の平均であるから

$$1/n_e = 1/(bn) + 1/(an) - 1/(abn) = (a + b - 1)/(abn)$$

となる．田口の式を用いても，同一の

$$1/n_e = \{(a-1)+(b-1)+1\}/(abn) = (a+b-1)/(abn)$$

を得る．例題 5.3 で，田口の式を用いると，$1/n_e = (3+4-1)/24 = 1/4$ となる．

また，交互作用を無視することは，$\sigma_{A\times B}^2 = 0$ とみなすことであり，$A\times B$ の平方和と誤差項の平方和を併合し，新たに誤差 V_e' を

$$V_e' = (S_{A\times B}+S_e)/\phi_e', \quad \phi_e' = \phi_{A\times B}+\phi_e \tag{5.75}$$

から求め直す．例題 5.3 では，$V_e' = (5.399+6.305)/(6+12) = 0.650$ となる．

よって，$\hat{\mu}(A_iB_j)$ の

$100(1-\alpha)\%$信頼区間：$\left[\overline{x}_{ij.}-t(\phi_e';\alpha)\sqrt{V_e'/n_e},\overline{x}_{ij.}+t(\phi_e';\alpha)\sqrt{V_e'/n_e}\right]$
$$\tag{5.76}$$

を得る．

データの構造が (5.69) 式のもとで，因子 A や B の効果を個々に推定したいときには，次のようにすればよい．水準 A_i について

$$点推定：\hat{\mu}(A_i) = \hat{\mu}+\hat{\alpha}_i = \overline{x}_{i..} \tag{5.77}$$

$100(1-\alpha)\%$信頼区間：$\left[\overline{x}_{i..}-t(\phi_e',\alpha)\sqrt{V_e'/(bn)},\overline{x}_{i..}+t(\phi_e',\alpha)\sqrt{V_e'/(bn)}\right]$
$$\tag{5.78}$$

となる．因子 B や繰返しのない 2 元配置についても同様である．

② 処理間の差の推定

[繰返しのある 2 元配置で交互作用を無視しない場合]

水準組合せ A_iB_j と $A_{i'}B_{j'}$ との母平均の差 $\mu(A_iB_j)-\mu(A_{i'}B_{j'})$ を推定する．

$$\hat{\mu}(A_iB_j)-\hat{\mu}(A_{i'}B_{j'}) = \overline{x}_{ij.}-\overline{x}_{i'j'.} \tag{5.79}$$

$$= (\hat{\alpha}_i-\hat{\alpha}_{i'})+(\hat{\beta}_j-\hat{\beta}_{j'})+\left\{(\alpha\beta)_{ij}-(\alpha\beta)_{i'j'}\right\}+(\overline{\varepsilon}_{ij.}-\overline{\varepsilon}_{i'j'.})$$

において，$\overline{\varepsilon}_{ij.}$ と $\overline{\varepsilon}_{i'j'.}$ は互いに独立であるから，

$$\widehat{Var}[\hat{\mu}(A_iB_j)-\hat{\mu}(A_{i'}B_{j'})] = 2V_e/n \tag{5.80}$$

となる．

よって，

100$(1-\alpha)$%信頼区間：
$$\left[\overline{x}_{ij\cdot} - \overline{x}_{i'j'\cdot} - t(\phi_e, \alpha)\sqrt{2V_e/n}, \overline{x}_{ij\cdot} - \overline{x}_{i'j'\cdot} + t(\phi_e, \alpha)\sqrt{2V_e/n}\right] \quad (5.81)$$

を得る．

［繰返しのある2元配置で交互作用を無視する場合］

水準組合せ A_iB_j と $A_{i'}B_{j'}$ との母平均の差 $\mu(A_iB_j) - \mu(A_{i'}B_{j'})$ を推定するには，

$$\hat{\mu}(A_iB_j) - \hat{\mu}(A_{i'}B_{j'}) = (\overline{x}_{i\cdot\cdot} - \overline{x}_{i'\cdot\cdot}) + (\overline{x}_{\cdot j\cdot} - \overline{x}_{\cdot j'\cdot}) \quad (5.82)$$

$$\widehat{Var}\left[\hat{\mu}(A_iB_j) - \hat{\mu}(A_{i'}B_{j'})\right] = \left(\frac{2}{bn} + \frac{2}{an}\right)V'_e \quad (5.83)$$

において，$\overline{\varepsilon}_{ij\cdot}$ と $\overline{\varepsilon}_{i'j'\cdot}$ は互いに独立であるから，100$(1-\alpha)$%信頼区間：

$$\left[(\overline{x}_{i\cdot\cdot} - \overline{x}_{i'\cdot\cdot}) + (\overline{x}_{\cdot j\cdot} - \overline{x}_{\cdot j'\cdot}) - t(\phi'_e, \alpha)\sqrt{\left(\frac{2}{bn} + \frac{2}{an}\right)V'_e},\right.$$
$$\left.(\overline{x}_{i\cdot\cdot} - \overline{x}_{i'\cdot\cdot}) + (\overline{x}_{\cdot j\cdot} - \overline{x}_{\cdot j'\cdot}) + t(\phi'_e, \alpha)\sqrt{\left(\frac{2}{bn} + \frac{2}{an}\right)V'_e}\right] \quad (5.84)$$

を得る．

水準 A_i と $A_{i'}$ についての母平均の差の推定は

$$\text{点推定}: \hat{\mu}(A_i) - \hat{\mu}(A_{i'}) = \overline{x}_{i\cdot\cdot} - \overline{x}_{i'\cdot\cdot} \quad (5.85)$$

100$(1-\alpha)$%信頼区間：

$$\left[x_{i\cdot\cdot} - \overline{x}_{i'\cdot\cdot} - t(\phi'_e, \alpha)\sqrt{2V'_e/(bn)}, \overline{x}_{i\cdot\cdot} - \overline{x}_{i'\cdot\cdot} + t(\phi'_e, \alpha)\sqrt{2V'_e/(bn)}\right] \quad (5.86)$$

となる．因子 B や繰返しのない2元配置についても同様に推定を行うことができる．

③ 処理間の差の検定

[繰返しのある 2 元配置で交互作用を無視しない場合]

$$\text{帰無仮説 } H_0: \mu_{ij} = \mu_{i'j'}, \text{ 対立仮説 } H_1: \mu_{ij} \neq \mu_{i'j'}$$

$$\left.\begin{array}{l} \text{検定統計量}: lsd = t(\phi_e, \alpha)\sqrt{2V_e/n} \\ \text{棄却域}: |\overline{x}_{ij\cdot} - \overline{x}_{i'j'\cdot}| \geq lsd \end{array}\right\} \tag{5.87}$$

[繰返しのある 2 元配置で交互作用を無視する場合]

$$\text{帰無仮説 } H_0: \mu_{ij} = \mu_{i'j'}, \text{ 対立仮説 } H_1: \mu_{ij\cdot} \neq \mu_{i'j'}$$

$$\left.\begin{array}{l} \text{検定統計量}: lsd = t(\phi'_e, \alpha)\sqrt{\left(\frac{2}{bn} + \frac{2}{an}\right)V'_e} \\ \text{棄却域}: |(\overline{x}_{i\cdot\cdot} - \overline{x}_{i'\cdot\cdot}) + (\overline{x}_{\cdot j\cdot} - \overline{x}_{\cdot j'\cdot})| \geq lsd \end{array}\right\} \tag{5.88}$$

となる．

また，A_i と $A_{i'}$ との母平均の差の検定は，

$$\text{帰無仮説 } H_0: \mu_i = \mu_{i'}, \text{ 対立仮説 } H_1: \mu_i \neq \mu_{i'}$$

$$\left.\begin{array}{l} \text{検定統計量}: lsd = t(\phi_e, \alpha)\sqrt{2V'_e/(bn)} \\ \text{棄却域}: |\overline{x}_{i\cdot\cdot} - \overline{x}_{i'\cdot\cdot}| \geq lsd \end{array}\right\} \tag{5.89}$$

となる．

例題 5.4 例題 5.3 のデータについて，最適水準および最適水準と A_1B_1 との差を推定せよ．ただし，交互作用は無視しない．

【解答】 データの構造式は

$$x_{ijk} = \mu + \alpha_i + \beta_j + (\alpha\beta)_{ij} + \varepsilon_{ijk}, \quad \varepsilon_{ijk} \sim NID(0, \sigma^2)$$

となる．最適水準は，表 5.7 より，A_3B_2 であり，$\hat{\mu}(A_3B_2) = 20.60$ を得る．95%信頼区間は，(5.68) 式を用いると，$t(12, 0.05) = 2.179$ より，

$$20.60 \pm 2.179\sqrt{0.525/2} = [19.48, 21.72]$$

となる．最適水準 A_3B_2 と A_1B_1 との差の推定は，(5.79) 式および (5.81) 式より，

$$点推定値 : 20.60 - 16.55 = 4.05$$

$$95\%信頼区間 : 4.05 \pm 2.179\sqrt{2 \times 0.525/2} = [2.47, 5.63]$$

と求まる．

例題 5.3 および例題 5.4 について，分散分析と交互作用を無視しない場合の，A と B を組み合わせた各水準における推定値と 95%信頼区間および平均値のグラフは，R プログラム

```
# 例題5.3  2元配置法
>library(plotrix)
>A<-c(rep("A1",8),rep("A2",8),rep("A3",8))
>B<-rep(c(rep("B1",2),rep("B2",2),rep("B3",2),rep("B4",2)),3)
>x<-c(17.0,16.1,16.5,17.5,16.3,17.1,17.0,15.9,18.5,19.5,19.3,20.5,17.6,
18.5,18.2,17.0,18.1,19.0,19.9,21.3,20.4,19.4,17.5,18.2)
>rei5.3<-data.frame(A,B,x)
>summary(aov(x ~ A+B+A*B,data=rei5.3))     # 2元配置分散分析表
>brkdn.plot("x","A","B",rei5.3,main="平均値と標準誤差",mct="mean",
md="std.error",ylab="破断強度",xlab="加工温度(B)",xaxlab=c("B1","B2","B3",
"B4"),pch=1:3,lty=1:3)
legend(3.5,20.5,legend=c("A1","A2","A3"),pch=1:3,lty=1:3)
  # 凡例（x軸,y軸の位置，Aの各水準，プロットの種類3，線の種類3）
```

を採用すると

```
          Df  Sum Sq Mean Sq F value    Pr(>F)
A          2 28.5308 14.2654 27.1507 3.515e-05 ***
B          3 10.6246  3.5415  6.7404  0.006453 **
A:B        6  5.3992  0.8999  1.7127  0.201288
Residuals 12  6.3050  0.5254
---
Signif. codes:  0 '***' 0.001 '**' 0.01 '*' 0.05 '.' 0.1 ' ' 1
>
> brkdn.plot("x","A","B",rei5.3,main="平均値と標準誤差",mct="mean",
md="std.error",
+     ylab="破断強度",xlab="加工温度 (B) ",xaxlab=c("B1","B2",
```

```
"B3","B4"),pch=1:3,lty=1:3)
$mean                                   :A_iB_j 水準における平均
      [,1]  [,2]  [,3]  [,4]
[1,] 16.55 17.0 16.70 16.45
[2,] 19.00 19.9 18.05 17.60
[3,] 18.55 20.6 19.90 17.85
$std.error                              :A_iB_j 水準における標準誤差
      [,1]  [,2]  [,3]  [,4]
[1,] 0.45  0.5  0.40 0.55
[2,] 0.50  0.6  0.45 0.60
[3,] 0.45  0.7  0.50 0.35
```

となる.

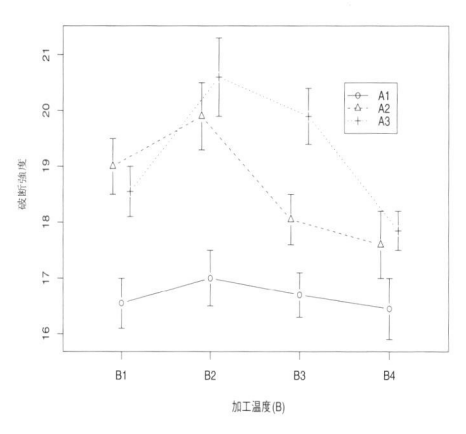

図 5.2 平均値 ± 標準誤差のプロット

交互作用を無視する場合の分散分析と同様の推定は，先の R プログラムに続けて

```
#   交互作用を無視する場合の分散分析と同様の推定のプログラム
>summary(aov(x ~ A+B,data=rei5.3))       # 2元配置分散分析表
>Model.2 <- lm(x ~ A+B, data=rei5.3)     #交互作用を含まないモデル
>data.frame(rei5.3,predict(Model.2,newdata=rei5.3,int="c",level=0.95))
```

とすれば

```
              Df Sum Sq Mean Sq F value    Pr(>F)
A              2 28.531 14.2654 21.9390 1.492e-05 ***
B              3 10.625  3.5415  5.4466  0.007644 **
Residuals     18 11.704  0.6502
---
Signif. codes:  0 '***' 0.001 '**' 0.01 '*' 0.05 '.' 0.1 ' ' 1

1  A1 B1 17.0 16.52917 15.68211 17.37623
            : $x_{111}, \overline{x}_{110}$,(5.86)式95%信頼区間の下限,上限：
2  A1 B1 16.1 16.52917 15.68211 17.37623
3  A1 B2 16.5 17.66250 16.81544 18.50956
4  A1 B2 17.5 17.66250 16.81544 18.50956
 .  .  .    .       .        .        .
19 A3 B2 19.9 20.21250 19.36544 21.05956
20 A3 B2 21.3 20.21250 19.36544 21.05956
 .  .  .    .       .        .        .
23 A3 B4 17.5 18.34583 17.49877 19.19289
24 A3 B4 18.2 18.34583 17.49877 19.19289
```

となる．最適水準 A_3B_2 と A_1B_1 との差の 95% 信頼区間を求めるには，さらに

```
# 例題5.4 （最高水準A3B2とA1B1の差の推定：95%信頼区間）
>Q=qt(1-0.05/2,12)*sqrt(2*0.525/2)
>(CI<-c((20.60-16.55)-Q,(20.60-16.55)+Q))  # 95%信頼区間(下限,上限)
```

とすれば

```
[1] 2.4713 5.6287      : 95%信頼区間の下限と上限
```

が得られる．

5.4 乱塊法（ブロック計画）

先に述べた 1 元配置法や 2 元配置法では，すべての実験をランダムな順序で実施する完全無作為化法であった．本節で扱う乱塊法は，実験をいくつか

のブロックに小分けし,ブロックごとに比較したい一揃いの実験をランダムに行う方法である.乱塊法では,完全無作為化法による誤差からブロック間の変動を分離するので,ブロック間の変動が大きければ,処理効果に対する検出力を高められ,処理間の比較において精度も高められることが期待できる.小分けに用いる因子を**ブロック因子**といい,例えば,実験日,原料ロット,圃場実験における試験区などである.ブロック因子は一般には変量因子として扱う.

ここで,ブロック因子として B を取り上げ水準数を b とし,効果を調べたい因子 A の水準数を a とする実験について考える.実験の総数は $n = ab$ であり,この実験の割付けと無作為化の方法を表5.9に示す.

表 5.9 乱塊法での無作為化法

ブロック因子	因子 A
b_1	$A_1 \sim A_a$ を無作為化
b_2	$A_1 \sim A_a$ を無作為化
$\cdot$	$\cdots$
b_b	$A_1 \sim A_a$ を無作為化

(1) データの構造式と平方和の分解

表5.9において,j 番目のブロックで i 番目の処理をうける確率変数 x_{ij} は

$$\left.\begin{array}{l} x_{ij} = \mu + b_j + \alpha_i + \varepsilon_{ij} \\ \text{ただし,} \sum_i^a \alpha = 0,\ b_j \sim NID(0, \sigma_b^2),\ \varepsilon_{ij} \sim NID(0, \sigma^2) \end{array}\right\} \quad (5.90)$$

と書ける.因子 A は母数型であり,ブロック因子 B は変量型の因子とする.因子 A とブロックとの交互作用 $(\alpha b)_{ij}$ は考慮せず,これも誤差 ε_{ij} とみなす.

平方和の分解,分散分析は繰返しのない2元配置法と同様である.

$$\left.\begin{array}{l} \bar{x}_{i.} = \mu + \alpha_i + \bar{b} + \bar{\varepsilon}_{i.},\ \bar{b} \sim NID(0, \sigma_b^2/b),\ \bar{\varepsilon}_{i.} \sim NID(0, \sigma^2/b) \\ \bar{x}_{.j} = \mu + b_j + \bar{\varepsilon}_{.j},\ b_j \sim NID(0, \sigma_b^2),\ \bar{\varepsilon}_{.j} \sim NID(0, \sigma^2/a) \\ \bar{\bar{x}} = \mu + \bar{b} + \bar{\bar{\varepsilon}},\ \bar{b} \sim NID(0, \sigma_b^2/b),\ \bar{\bar{\varepsilon}} \sim NID(0, \sigma^2/(ab)) \end{array}\right\} \quad (5.91)$$

平方和と自由度の分解は

$$\begin{aligned}
S_T &= \sum_{i=1}^{a}\sum_{j=1}^{b}\left(x_{ij}-\overline{\overline{x}}\right)^2 \\
&= \sum_{i=1}^{a}\sum_{j=1}^{b}\left\{\left(\bar{x}_{\cdot j}-\overline{\overline{x}}\right)+\left(\bar{x}_{i\cdot}-\overline{\overline{x}}\right)+\left(x_{ij}-\bar{x}_{i\cdot}-\bar{x}_{j\cdot}+\overline{\overline{x}}\right)\right\}^2 \\
&= a\sum_{j=1}^{b}\left(\bar{x}_{\cdot j}-\overline{\overline{x}}\right)^2 + b\sum_{i=1}^{a}\left(\bar{x}_{i\cdot}-\overline{\overline{x}}\right)^2 + \sum_{i=1}^{a}\sum_{j=1}^{b}\left(x_{ij}-\bar{x}_{i\cdot}-\bar{x}_{\cdot j}+\overline{\overline{x}}\right)^2 \\
&\equiv S_b + S_A + S_e \\
\phi_T &= n-1 = (b-1)+(a-1)+(a-1)(b-1) \\
&= \phi_b + \phi_a + \phi_e
\end{aligned} \quad (5.92)$$

となる．

(2) 分散分析

分散分析の手順は次のようになる．

<u>手順1</u>　データの構造式は

$$x_{ij} = \mu + b_j + \alpha_i + \varepsilon_{ij} \tag{5.93}$$

である．

<u>手順2</u>　修正項 CT の計算

$$CT = x_{\cdot\cdot}^2/(ab) \tag{5.94}$$

<u>手順3</u>　平方和の実現値と自由度の計算

$$\left.\begin{aligned}
S_T &= \sum_{i=1}^{a}\sum_{j=1}^{b} x_{ij}^2 - CT,\ \phi_T = ab-1 \\
S_b &= a\sum_{j=1}^{b}\left(\bar{x}_{\cdot j}-\overline{\overline{x}}\right)^2 = \frac{\sum_{j=1}^{b} x_{\cdot j}^2}{a} - CT,\ \phi_b = b-1 \\
S_A &= b\sum_{i=1}^{a}\left(\bar{x}_{i\cdot}-\overline{\overline{x}}\right)^2 = \frac{\sum_{i=1}^{a} x_{i\cdot}^2}{b} - CT,\ \phi_A = a-1 \\
S_e &= S_T - S_b - S_a,\ \phi_e = \phi_T - \phi_b - \phi_A
\end{aligned}\right\} \quad (5.95)$$

<u>手順4</u>　分散分析表の作成

表 5.10 分散分析表

sv	ss	df	ms	F_0	$E[ms]$
b (ブロック間)	S_b	ϕ_b	$V_b = S_b/\phi_b$	V_b/V_e	$\sigma^2 + a\sigma_b^2$
A (処理間)	S_A	ϕ_A	$V_A = s_A/\phi_A$	V_A/V_e	$\sigma^2 + b\sigma_A^2$
誤差 e	S_e	ϕ_e	$V_e = S_e/\phi_e$	—	σ^2
計	S_T	ϕ_T	—		

例題 5.5 生薬の抽出効果を高めるため,処理 $A_1 \sim A_5$ の 5 種類について検討することにした.この生薬の抽出では,原料ロット (b) 間による変動が大きいことがわかっているため,取り上げた 4 つの原料ロットごとに実験順序をランダムに行う乱塊法による実験とした.得られたデータを表 5.11 に示す.値は高いほどよい.

表 5.11 生薬の抽出実験 (単位略)

ロット/処理	A_1	A_2	A_3	A_4	A_5
b_1	79	79	84	87	85
b_2	80	72	86	81	83
b_3	74	74	80	78	80
b_4	78	77	80	80	78

【解答】 分散分析は次の手順で行う.

手順 1 データの構造式は,

$$x_{ij} = \mu + b_j + \alpha_i + \varepsilon_{ij}$$

である.

手順 2 修正項 CT の計算

$$CT = x_{..}^2/(ab) = 127201.3$$

手順 3 平方和と自由度の計算

$$S_T = \sum_{i=1}^{a}\sum_{j=1}^{b} x_{ij}^2 - CT = 293.75, \ \phi_T = 19$$

$$S_b = \sum_{j=1}^{b} x_{\cdot j}^2/a - CT = 87.75, \ \phi_b = 3$$

$$S_A = \sum_{i=1}^{a} x_{i\cdot}^2/b - CT = 143, \ \phi_A = 4$$

$$S_e = S_T - S_b - S_a = 63, \ \phi_e = \phi_T - \phi_b - \phi_A = 12$$

<u>手順 4</u>　分散分析表の作成

表 5.12　分散分析表

sv	ss	df	ms	F_0	$E[ms]$
b（ブロック間）	87.75	3	29.25	5.57*	$\sigma^2 + 5\sigma_b^2$
A（処理間）	143.00	4	35.75	6.81**	$\sigma^2 + 4\sigma_A^2$
誤差 e	63.00	12	5.25	—	σ^2
計	293.75	19	—		

$F(3, 12, 0.01) = 5.953, F(3, 12, 0.05) = 3.490, F(4, 12, 0.01) = 3.259$

　分散分析の結果，処理間が高度に有意，ブロック間が有意となった．もし，完全無作為化法を採用した場合，誤差分散は 10.05 となり，乱塊法のほうが明らかに検出力が高まることがわかる．

(3) 分散分析後の解析

　処理母平均の推定，処理間の差の推定などを以下に行うが，処理母平均の信頼区間を推定するときの分散には，誤差分散 V_e にブロック因子間の変動 V_b が加わることになる．

① 処理母平均の推定

　データの構造は，(5.90) 式とする．処理母平均の点推定は，

$$\hat{\mu}(A_i) = \hat{\mu} + \hat{\alpha}_i = \bar{x}_{i\cdot} \tag{5.96}$$

により求める．区間推定は，

$$Var[\hat{\mu}(A_i)] = Var[\bar{b}_{\cdot} + \bar{\varepsilon}_{i\cdot}] = Var[\bar{b}_{\cdot}] + Var[\bar{\varepsilon}_{i\cdot}] \tag{5.97}$$

および，分散分析表（表 5.10）の $E[ms]$ より

$$\frac{\left(\widehat{\sigma_b^2} + \widehat{\sigma^2}\right)}{b} = \frac{\{(V_b - V_e)/a + V_e\}}{b} = \frac{\{V_b + (a-1)V_e\}}{ab} \tag{5.98}$$

となる．$100(1-\alpha)$%信頼区間：

$$\left[\bar{x}_{i.} - t(\phi_e^*, \alpha)\sqrt{\{V_b + (a-1)V_e\}/(ab)},\ \bar{x}_{i.} + t(\phi_e^*, \alpha)\sqrt{\{V_b + (a-1)V_e\}/(ab)}\right] \tag{5.99}$$

より求められる．ただし，ϕ_e^* は等価自由度であり，サタースウエイトの方法を用い

$$\frac{\{V_b + (a-1)V_e\}^2}{\phi^*} = \frac{(V_b)^2}{\phi_b} + \frac{\{(a-1)V_e\}^2}{\phi_e} \tag{5.100}$$

より求める．

② 処理間の差の推定

水準 A_i と $A_{i'}$ との母平均の差 $\mu(A_i) - \mu(A_{i'})$ の推定は

$$\hat{\mu}(A_i) - \hat{\mu}(A_{i'}) = \bar{x}_{i.} - \bar{x}_{i'.} \tag{5.101}$$

である．その構造は

$$\begin{aligned}\bar{x}_{i.} - \bar{x}_{i'.} &= \left(\mu + \alpha_i + \bar{b}_{.} + \bar{e}_{i.}\right) - \left(\mu + \alpha_{i'} + \bar{b}_{.} + \bar{e}_{i'.}\right) \\ &= (\hat{\alpha}_i - \hat{\alpha}_{i'}) + (\bar{\varepsilon}_{i.} - \bar{\varepsilon}_{i'.})\end{aligned} \tag{5.102}$$

となり，ここにはブロック間の変動は含まれない．

区間推定は，分散が

$$\widehat{Var}[\hat{\mu}(A_i) - \hat{\mu}(A_{i'})] = \widehat{Var}[\bar{\varepsilon}_{i.} - \bar{\varepsilon}_{i'.}] = \frac{2 \times V_e}{b} \tag{5.103}$$

で推定され，

$100(1-\alpha)$%信頼区間：

$$\left[\bar{x}_{i.} - \bar{x}_{i'.} - t(\phi_e, \alpha)\sqrt{V_e \times 2/b}, \bar{x}_{i.} - \bar{x}_{i'.} + t(\phi_e, \alpha)\sqrt{V_e \times 2/b}\right] \tag{5.104}$$

となる．乱塊法では，このように，誤差分散にブロック間の変動が含まれないため，母平均の差の推定精度はよい．

例題 5.6 例題 5.5 のデータについて，値が最も高くなる処理水準（最適水準）および最適水準と A_1 との差の点推定および 95%信頼区間を求めよ．

【解答】 データの構造式は,

$$x_{ij} = \mu + b_j + \alpha_i + \varepsilon_{ij}$$

である.

[最適水準についての推定]

各水準の点推定値は (5.96) 式より

$$\hat{\mu}(A_1) = 77.75, \ \hat{\mu}(A_2) = 75.50, \ \hat{\mu}(A_3) = 82.50, \ \hat{\mu}(A_4) = 81.50,$$
$$\hat{\mu}(A_5) = 81.50$$

となる.よって,最適水準は A_3 であり,点推定値は 82.50 となる.

95% 信頼区間は,(5.99),(5.100) 式より,

$$\frac{\{V_b + (a-1)V_e\}}{ab} = \frac{\{29.25 + (5-1)5.25\}}{20} = 2.5125$$

$$\frac{\{V_b + (a-1)V_e\}^2}{\phi^*} = \frac{(V_b)^2}{\phi_b} + \frac{\{(a-1)V_e\}^2}{\phi_e}$$

$$\frac{(50.25)^2}{\phi^*} = \frac{(29.25)^2}{3} + \frac{(21.00)^2}{12}$$

を得,$\phi* = 7.84$ となり,$t(8, 0.05) \times 0.84 + t(7, 0.05) \times 0.16 = 2.315$ から

$$95\% 信頼区間 : 82.50 \pm 2.315\sqrt{2.5125} = [78.83, 86.17]$$

となる.

[最適水準 (A_3) と A_1 との差の推定]

点推定,区間推定は,(5.101),(5.104) 式および $t(12, 0.05) = 2.179$ より

$$点推定 : 82.50 - 77.75 = 4.75$$

$$95\% 信頼区間 : 4.75 \pm 2.179\sqrt{2 \times 5.25/4} = [1.22, 8.28]$$

となる.

次に,R を用いて例題 5.5,例題 5.6 を解いてみよう.例題 5.5 の分散分析と,処理母平均の推定を行い,グラフを描く R プログラムは,

5.4 乱塊法（ブロック計画）　113

```
# 例題　5.5　（乱塊法）
>library(plotrix)
>A<-c(rep("A1",4),rep("A2",4),rep("A3",4),rep("A4",4),rep("A5",4))
>b<-rep(c("b1","b2","b3","b4"),5)
>x<-c(79,80,74,78,79,72,74,77,84,86,80,80,87,81,78,80,85,83,80,78)
>rei5.5<-data.frame(A,b,x)
>summary(aov(x ~ b+A, data=rei5.5))          #　分散分析
>tapply(rei5.5$x, list(A=rei5.5$A), mean)     #　処理母平均の推定
>brkdn.plot("x","b","A",rei5.5,main="平均値プロット",mct="mean",md=NA,
    stagger=NA,dispbar=F,ylab="抽出量",xlab="処理の種類(A)",xaxlab=c("A1",
    "A2","A3","A4","A5"),pch=1:4,lty=1:4)
 legend(1,85,legend=c("b1","b2","b3","b4"),pch=1:4,lty=1:4)
```

であり，

```
            Df Sum Sq Mean Sq F value   Pr(>F)
b            3  87.75   29.25  5.5714 0.012506 *
A            4 143.00   35.75  6.8095 0.004226 **
Residuals   12  63.00    5.25
---
Signif. codes:  0 '***' 0.001 '**' 0.01 '*' 0.05 '.' 0.1 ' ' 1
> tapply(rei5.5$x, list(A=rei5.5$A), mean)     # 処理母平均の推定
A
   A1    A2    A3    A4    A5
77.75 75.50 82.50 81.50 81.50
>  brkdn.plot("x","b","A",rei5.5,main="平均値のプロット",mct="mean",md=NA,
stagger=NA,dispbar=F,
+     ylab="抽出量",xlab="処理の種類(A)",xaxlab=c("A1","A2","A3","A4",
"A5"),pch=1:4,lty=1:4)
$mean                               : 各ブロック(b1~b4)における各水準
(A1~A5)の平均値
     [,1] [,2] [,3] [,4] [,5]
[1,]   79   79   84   87   85
[2,]   80   72   86   81   83
[3,]   74   74   80   78   80
[4,]   78   77   80   80   78
```

を得る．

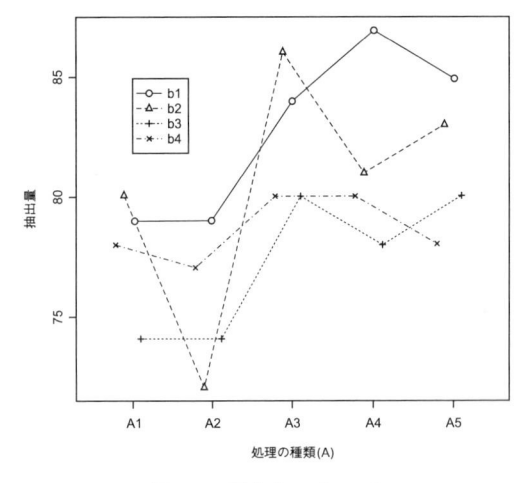

図 5.3 平均値のプロット

例題 5.6 の最適水準の推定は，先の R プログラムに続けて

```
# 例題5.6-1最適水準A3の95%信頼区間
>sdf<-((29.25+4*5.25)^2)/((29.25^2/3+(4*5.25)^2/12))
# 等価自由度：サタースウエイトの式
>Q<-qt(1-0.05/2,sdf)*sqrt((29.25+4*5.25)/20)
>(CI<-c(82.5-Q,82.5+Q))　# 95%信頼区間(下限,上限)
```

と入力すると，下限 78.832 と上限 86.168 が得られる．最適水準と A_1 との差の推定は，さらに

```
# 例題5.6-2最適水準A₃と水準A₁の差の95%信頼区間
Q<-qt(1-0.05/2,12)*sqrt(2*5.25/4)
(CI<-c(4.75-Q,4.75+Q))  # 95%信頼区間の下限と上限
```

とすれば，下限：1.220，　上限：8.280 が得られる．

以上は，1 因子実験の乱塊法であったが，2 因子実験，多因子実験の場合もある．2 因子実験の場合について，データの構造式はブロック因子 r，因子 A，因子 B とすると

$$\left.\begin{array}{l} x_{ijk} = \mu + r_k + \alpha_i + \beta_j + (\alpha\beta)_{ij} + \varepsilon_{ijk} (i=1\sim a,\ j=1\sim b,\ k=1\sim r) \\ \text{ただし}, \sum_{i=1}^{a}\alpha_i = \sum_{j=1}^{b}\beta_j = \sum_{i=1}^{a}(\alpha\beta)_{ij} = \sum_{j=1}^{b}(\alpha\beta)_{ij} = 0 \\ r_k \sim NID(0,\sigma_r^2), \varepsilon_{ijk} \sim NID(0,\sigma^2) \end{array}\right\} \quad (5.105)$$

となる．分散分析表は，表 5.13 のようになる．

表 **5.13** 2 因子実験の分散分析表

sv	ss	df	ms	F_0	$E[ms]$
r（ブロック因子）	S_r	ϕ_r	$V_r = S_r/\phi_r$	V_r/V_e	$\sigma^2 + ab\sigma_b^2$
A（母数因子）	S_A	ϕ_A	$V_A = S_A/\phi_A$	V_A/V_e	$\sigma^2 + rb\sigma_A^2$
B（母数因子）	S_B	ϕ_B	$V_B = S_B/\phi_B$	V_B/V_e	$\sigma^2 + ra\sigma_B^2$
$A \times B$	$S_{A \times B}$	$\phi_{A \times B}$	$V_{A \times B} = S_{A \times B}/\phi_{A \times B}$	$V_{A \times B}/V_e$	$\sigma^2 + r\sigma_{A \times B}^2$
誤差 e	S_e	ϕ_e	$V_e = S_e/\phi_e$	—	σ^2
計	S_T	ϕ_T	—		

1 元配置法で繰返し数が等しいとき，2 元配置法で繰返しがある場合には，繰返し実験とするより，反復実験とする乱塊法によるほうが望ましいことが多い．理由として，実験が実施しやすい，ブロック間の変動が大きければ処理効果の検出力が高まる，初めの一揃えの実験 (R_1) を行えば処理効果の大筋がわかる，などが挙げられる．

また，実験の場に 2 つ以上のブロック因子を導入して，複数方向に層別したい場合がある．このようなときの実験計画として，**ラテン方格法** (Latin-square design)，**グレコラテン方格法** (Graeco-latin square design) などがある．その他に，実験を行おうとする場合，母数因子で水準の変更が困難な因子を含むことがある．すべての因子・水準の組合せを無作為化するより，まず水準の変更が困難な因子の水準について無作為化し，その水準ごとに，他の因子・水準の組合せを無作為化して実験するほうが実施しやすいことがある．このような実験方法を**分割法** (sprit plot design) という．これらの実験計画と解析法の詳細については，他書を参照されたい．

第6章

回帰分析

本章では，変数 x と y との関連性の解析法を学ぶ．x と y がともに確率変数である**相関分析** (correlation analysis) を取り上げ，次いで，変数 x がある値に固定された場合の**回帰分析** (regression analysis) について述べる．相関分析では，x と y がどの程度関連しているかを表す相関係数の推定と検定についてふれる．回帰分析では，x と y との間で直線関係（単回帰）を想定し，回帰係数の推定と検定を取り扱う．また，単回帰では y の変動に対する説明は x のみであるが，複数個ある重回帰についても取り上げる．

6.1 相関分析

(1) 母相関係数

確率変数 x と y が，それぞれ正規分布 $N(\mu_x, \sigma_x^2)$ および $N(\mu_y, \sigma_y^2)$ に従うとき，母相関係数 ρ を

$$\rho = \frac{Cov[x,y]}{\sqrt{Var[x]Var[y]}} = \frac{E\left[(x-\mu_x)(y-\mu_y)\right]}{\sqrt{\sigma_x^2 \sigma_y^2}} \tag{6.1}$$

と定義する．(6.1) 式の分子 $Cov[x,y]$ は，(2.38) 式の共分散であり，その共分散を確率変数 x と y の母標準偏差で標準化した量が ρ であると考えればよい．ρ は，

$$-1 \leq \rho \leq +1 \tag{6.2}$$

を満たす．母相関係数 ρ の推定量 r(標本相関係数) は，(1.9) 式で与えられた．すなわち

$$\hat{\rho} = r = \frac{S_{xy}}{\sqrt{S_{xx}S_{yy}}} \tag{6.3}$$

となる．S_{xy}, S_{xx}, S_{yy} は (1.10) 式である．

(2) 母相関係数の推定

母相関係数 ρ の信頼区間を求めよう．$\rho \neq 0$ のとき

$$Z = \frac{1}{2}\ln\left(\frac{1+r}{1-r}\right) \tag{6.4}$$

は，近似的に $N\left(\frac{1}{2}\ln\left(\frac{1+\rho}{1-\rho}\right), \frac{1}{n-3}\right)$ に従うことが知られている．(6.4) 式を Z **変換**という．

$$\zeta = \frac{1}{2}\ln\left(\frac{1+\rho}{1-\rho}\right) \tag{6.5}$$

とおく．Z を標準化した $\sqrt{n-3}(Z-\zeta)$ は，近似的に $N(0, 1^2)$ に従う．よって

$$\Pr\left\{Z - \frac{u(\alpha/2)}{\sqrt{n-3}} \leq \zeta \leq Z + \frac{u(\alpha/2)}{\sqrt{n-3}}\right\} \tag{6.6}$$

となる．(6.5) 式を ρ について解くと

$$\rho = \frac{e^{2\zeta}-1}{e^{2\zeta}+1} \tag{6.7}$$

を得る．ρ の信頼区間を求める手順は，次のようになる．

<u>手順 1</u>　r に Z 変換 $Z = \frac{1}{2}\ln\left(\frac{1+r}{1-r}\right)$ を施す．

<u>手順 2</u>　ζ の $100(1-\alpha)\%$ 信頼区間は

$$\left[Z - \frac{u(\alpha/2)}{\sqrt{n-3}},\ Z + \frac{u(\alpha/2)}{\sqrt{n-3}}\right] = [\zeta_L, \zeta_U] \tag{6.8}$$

となる．

<u>手順 3</u>　ζ を ρ について解いた (6.7) 式より，ρ の

$$100(1-\alpha)\%\text{信頼区間}: \left[\frac{e^{2\zeta_L}-1}{e^{2\zeta_L}+1}, \frac{e^{2\zeta_U}-1}{e^{2\zeta_U}+1}\right] \tag{6.9}$$

を得る.

例題 6.1 例題 1.3 のデータについて，ρ の 95%信頼区間を求めよ.

【解答】 次の手順をふむ.

手順 1　$r = 0.837$ に Z 変換を施すと，$Z = \dfrac{1}{2} \ln \left(\dfrac{1+r}{1-r} \right) = 1.21$ を得る.

手順 2　ζ の 95% 信頼区間は，(6.8) 式より

$$\left[1.21 - \frac{1.960}{\sqrt{7}},\ 1.21 + \frac{1.960}{\sqrt{7}} \right] = [0.47,\ 1.95]$$

となる.

手順 3　(6.9) 式より，ρ の

$$95\%信頼区間：[0.44,\ 0.96]$$

を得る.

(3) 母相関係数の検定

$\rho = 0$ のとき，標本相関係数 r の関数

$$t_0 = \frac{r\sqrt{n-2}}{\sqrt{1-r^2}} \tag{6.10}$$

は，自由度 $n-2$ の t 分布に従う．よって，無相関の検定手順は次のようになる.

手順 1　帰無仮説 $H_0 : \rho = 0$
　　　　対立仮説 $H_1 : \rho \neq 0$ （$H_1 : \rho > 0$ または，$H_1 : \rho < 0$）
を設定する.

手順 2　有意水準 α を決める（通常は，0.05 または 0.01）.

手順 3　対立仮説によって，棄却域を定める.

対立仮説	棄却域
$H_1 : \rho \neq 0$	$|t_0| \geq t(n-2, \alpha)$
$H_1 : \rho < 0$	$t_0 \leq -t(n-2, 2\alpha)$
$H_1 : \rho > 0$	$t_0 \geq t(n-2, 2\alpha)$

手順 4　n 組のデータ $(x_1, y_1), (x_2, y_2), \ldots, (x_n, y_n)$ から r を計算し，

$$t_0 = \frac{r\sqrt{n-2}}{\sqrt{1-r^2}} \tag{6.11}$$

を求める．

手順 5　t_0 の値が手順 3 の棄却域に入れば，帰無仮説を棄却する．

例題 6.2　例題 1.3 のデータについて，無相関の検定を行え．

【解答】　次の手順をふむ．

手順 1　帰無仮説 $H_0 : \rho = 0$
　　　　対立仮説 $H_1 : \rho \neq 0$

を設定する．

手順 2　有意水準 $\alpha = 0.05$ とする．

手順 3　棄却域は

$$|t_0| \geq t(8; 0.05) = 2.306$$

となる．

手順 4　$r = 0.837$ から

$$|t_0| = \frac{r\sqrt{n-2}}{\sqrt{1-r^2}} = 4.33$$

を得る．

手順 5　t_0 の値が手順 3 の棄却域に入るので，帰無仮説を棄却する．

また，例題 6.1 の関数 cor.test() を用いても，同様の結果が得られる．ここで，例題 6.1，例題 6.2 について，相関係数の 95% 信頼区間の推定と検定を R の関数 cor.test() を用いて行う．

R プログラム

```
# 例題6.1 ,6.2　（相関係数の信頼区間と検定）
>h<-c(150,145,164,167,152,156,161,170,158,169)    # 身長
>w<-c(43,44,59,56,56,59,58,74,50,67)              # 体重
>cor.test(h,w,alternative="two.sided")            # 対立仮説はρ≠0
```

を採用すると

```
        Pearson's product-moment correlation
data:  h and w
t = 4.3206, df = 8, p-value = 0.002544        : t0値, 自由度, p値
alternative hypothesis: true correlation is not equal to 0
95 percent confidence interval:
 0.4375221 0.9603781                          : 95%信頼区間の下限と上限
sample estimates:
       cor
0.8366672                                     : 相関係数
```

を得る.

(4) 2変量正規分布

データ $(x_1, y_1), (x_2, y_2), \ldots, (x_n, y_n)$ が得られたとき, 2つの確率変数 (x, y) について

$$x \sim N(\mu_x, \sigma_x^2), \quad y \sim N(\mu_y, \sigma_y^2)$$

と仮定する. x と y の母相関係数を ρ としたとき, (x, y) の2次元正規分布の確率密度関数を

$$f(x, y) = \frac{1}{2\pi\sqrt{1-\rho^2}\sigma_x\sigma_y} \exp\left[-\frac{1}{2(1-\rho^2)}\left\{\frac{(x-\mu_x)^2}{\sigma_x^2}\right.\right.$$
$$\left.\left.-2\rho\frac{(x-\mu_x)(y-\mu_y)}{\sigma_x\sigma_y} + \frac{(y-\mu_y)^2}{\sigma_y^2}\right\}\right] \quad (6.12)$$

と定義する. x と y から決まる $f(x, y)$ が一定の (6.12) 式の応答は, 中心 (μ_x, μ_y) の楕円形の等高線を描く. 変数 x と y を $u = (x-\mu_x)/\sigma_x$, $v = (y-\mu_y)/\sigma_y$ と基準化した (6.12) 式と等高線を $\rho = +0.5, 0, -0.5$ についてRプログラム

```
u <- seq(-3,3,length=50)    # x 軸の範囲
v <- u                      # y 軸の範囲
rho <- 0.5                  # 相関係数の値
normal <- function(u,v)     # 2変量正規分布の密度関数
{1/(2*pi*sqrt(1-rho^2))*exp(-(u^2-2*rho*u*v+v^2) / (2*(1-rho^2)))}
z <- outer(u,v,normal)      # z 軸の大きさ
```

```
persp(u, v, z, theta = 30, phi = 30, expand = 0.5) # 3次元図
            # theta=横回転の角度，phi=縦回転の角度，expand=拡大率
contour(u,v,z)# 等高線図
abline(0,1,lty=2)
abline(v=0)
abline(h=0)
```

を用いて作成すると図 6.1 のようになる（上のプログラムは，図 6.1(a) の場合）．

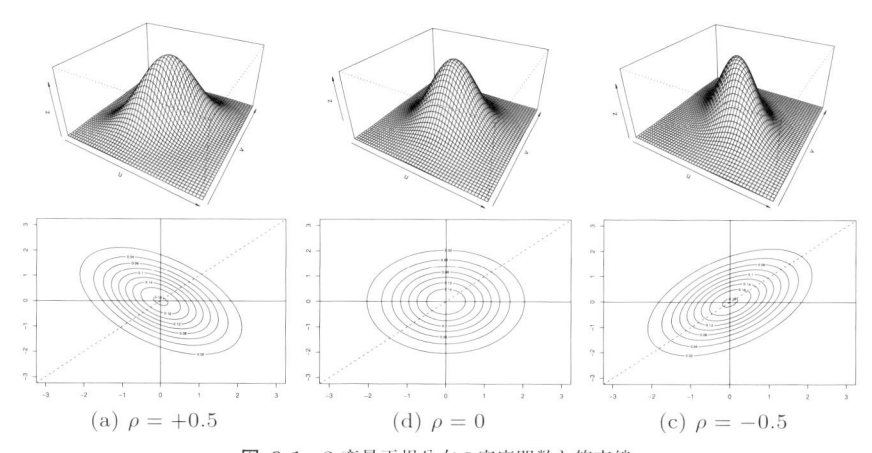

(a) $\rho = +0.5$ (d) $\rho = 0$ (c) $\rho = -0.5$

図 6.1 2 変量正規分布の密度関数と等高線

$\rho > 0$ なら，(a) において u が大きくなれば v も大きくなる．$\rho < 0$ なら，(c) において u が大きくなれば v は小さくなる．$\rho = 0$ のとき，(b) のように楕円や円となり，(6.12) 式は

$$f(x,y) = \left[\frac{1}{\sqrt{2\pi}\sigma_x} \exp\left\{-\frac{1}{2\sigma_x^2}(x-\mu_x)^2\right\}\right] \left[\frac{1}{\sqrt{2\pi}\sigma_y} \exp\left\{-\frac{1}{2\sigma_y^2}(y-\mu_y)^2\right\}\right] \tag{6.13}$$

となる．(6.13) 式は，$f(x,y)$ が一変量正規分布 $N(\mu_x, \sigma_x^2)$ と $N(\mu_y, \sigma_y^2)$ との積になることを意味している．すなわち，$\rho = 0$ は，x と y が独立であることを表す．

6.2 単回帰分析

n 個の固定された変数 $x_1, x_2, \ldots, x_n$ が与えられたとき, y_i の値が

$$y_i = \beta_0 + \beta_1 x_i + \varepsilon_i, \varepsilon_i \sim NID(0, \sigma^2), i = 1, 2, \ldots, n \tag{6.14}$$

から決まる組 $(x_1, y_1), (x_2, y_2), \ldots, (x_n, y_n)$ を考え, x と y との間で直線関係を想定する. (6.14) 式において, β_0 は定数項であり, β_1 は母回帰係数である. β_0 は $x = 0$ における y の値 (y 切片) で, β_1 は直線の傾きである. ε_i は**誤差項**と呼ばれ, 仮定

  i) 独立性：$\varepsilon_1, \varepsilon_2, \ldots, \varepsilon_n$ は互いに独立
  ii) 不偏性：$E[\varepsilon_i] = 0$
  iii) 等分散性：$Var[\varepsilon_i] = \sigma^2$
  iv) 正規性：$\varepsilon_1, \varepsilon_2, \ldots, \varepsilon_n$ はすべて正規分布 $N(0, \sigma^2)$ に従う

を満たす. $x_1, x_2, \ldots, x_n$ は固定された変数であるが, y_i は確率変数で

$$\left. \begin{array}{l} E[y_i] = \beta_0 + \beta_1 x_i \\ Var[y_i] = \sigma^2 \end{array} \right\} \tag{6.15}$$

となる. (6.14) 式を**単回帰モデル**という.

(1) 最小 2 乗法による回帰係数と定数項の推定

n 組のデータ $(x_1, y_1), (x_2, y_2), \ldots, (x_n, y_n)$ について考える. 回帰係数 β_0, β_1 の推定量 $\hat{\beta}_0, \hat{\beta}_1$ は, (6.14) 式の差 $y_i - (\beta_0 + \beta_1 x_i)$ が小さくなるように求めればよい. すなわち,

$$S = S(\beta_0, \beta_1) = \sum_{i=1}^{n} (y_i - \beta_0 - \beta_1 x_i)^2 \tag{6.16}$$

が最小になる β_0, β_1 を求める (これを, **最小二乗法**という). $S(\beta_0, \beta_1)$ は β_0, β_1 の関数であるから $S(\beta_0, \beta_1)$ を β_0 で偏微分 (β_1 を定数とみなす), そして β_1 で偏微分 (β_0 を定数とみなす) し, 0 とおいた

$$\left. \begin{array}{l} \frac{\partial S(\beta_0, \beta_1)}{\partial \beta_0} = -2 \sum_{i=1}^{n} (y_i - \beta_0 - \beta_1 x_i) = 0 \\ \frac{\partial S(\beta_0, \beta_1)}{\partial \beta_1} = -2 \sum_{i=1}^{n} (y_i - \beta_0 - \beta_1 x_i) x_i = 0 \end{array} \right\} \tag{6.17}$$

を解けばよい．この β_0, β_1 に関する連立一次方程式（これを**正規方程式**という）

$$\left.\begin{array}{r} n\hat{\beta}_0 + \hat{\beta}_1 \sum_{i=1}^{n} x_i = \sum_{i=1}^{n} y_i \\ \hat{\beta}_0 \sum_{i=1}^{n} x_i + \hat{\beta}_1 \sum_{i=1}^{n} x_i^2 = \sum_{i=1}^{n} x_i y_i \end{array}\right\} \tag{6.18}$$

を解くと

$$\hat{\beta}_1 = \frac{n \sum_{i=1}^{n} x_i y_i - \sum_{i=1}^{n} x_i \sum_{i=1}^{n} y_i}{n \sum_{i=1}^{n} x_i^2 - (\sum_{i=1}^{n} x_i)^2} = \frac{\sum_{i=1}^{n} (x_i - \bar{x})(y_i - \bar{y})}{\sum_{i=1}^{n} (x_i - \bar{x})^2} = \frac{S_{xy}}{S_{xx}} \tag{6.19}$$

$$\hat{\beta}_0 = \bar{y} - \hat{\beta}_1 \bar{x} \tag{6.20}$$

を得る．これより，回帰式は

$$\hat{y} = \hat{\beta}_0 + \hat{\beta}_1 x \tag{6.21}$$

と推定される．x が x_i という値をとったときの予測値は

$$\hat{y}_i = \hat{\beta}_0 + \hat{\beta}_1 x_i \tag{6.22}$$

となる．実現値 y_i と予測値 $\hat{y}_i$ との差

$$e_i = y_i - \hat{y}_i \tag{6.23}$$

を**残差**という．残差 e_i の平方を n 個のデータについて加えた**残差平方和**は

$$S_e = \sum_{i=1}^{n} e_i^2 = \sum_{i=1}^{n} (y_i - \hat{y}_i)^2 \tag{6.24}$$

となる (図 6.2)．

また，$\varepsilon_i \sim NID(0, \sigma^2)$ より，定理 4.3 を応用すると $\sum_{i=1}^{n} e_i^2 / \sigma^2$ はカイ 2 乗分布に従う．ただし，e_i は未知 β_0, β_1 の 2 個を含んでいるので，自由度は $n-2$ である．ゆえに，$\sum_{i=1}^{n} e_i^2 / \sigma^2 = S_e / \sigma^2 \sim \chi_{n-2}^2$ となり，$E\left(\frac{S_e}{\sigma^2}\right) = n - 2$ より，誤差分散 σ^2 は

$$\hat{\sigma}^2 = \frac{S_e}{n-2} = V_e \tag{6.25}$$

と推定される．

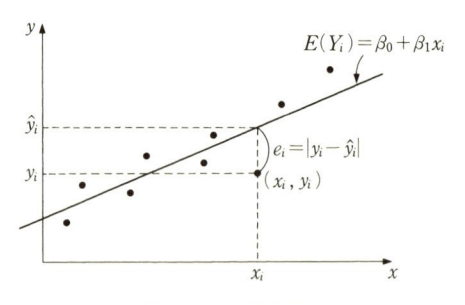

図 6.2 単回帰直線

以上をまとめ，回帰式の推定手順を示す．

<u>手順1</u> データの構造式（単回帰）を

$$y_i = \beta_0 + \beta_1 x_i + \varepsilon_i, \ \varepsilon_i \sim NID(0, \sigma^2), i = 1, 2, \ldots, n \tag{6.26}$$

とする．

<u>手順2</u> x の平方和および x と y との積和

$$\left. \begin{array}{l} S_{xx} = \sum_{i=1}^{n} x_i^2 - \dfrac{\left(\sum_{i=1}^{n} x_i\right)^2}{n} \\ S_{xy} = \sum_{i=1}^{n} x_i y_i - \dfrac{\left(\sum_{i=1}^{n} x_i\right)\left(\sum_{i=1}^{n} y_i\right)}{n} \end{array} \right\} \tag{6.27}$$

を求める．

<u>手順3</u> 回帰係数および回帰式を推定すると

$$\left. \begin{array}{l} \hat{\beta}_1 = S_{xy}/S_{xx} \\ \hat{\beta}_0 = \bar{y} - \hat{\beta}_1 \bar{x} \\ \hat{y} = \hat{\beta}_0 + \hat{\beta}_1 x \end{array} \right\} \tag{6.28}$$

となる．

例題 6.3 ある製品の強度（単位略）は，添加物 A の量と直線的な関係のあることが知られている．添加物の量によりプラスチックの強度を制御するため実験を行った．その結果，表 6.1 のデータが得られた．回帰式を推定せよ．

表 6.1 データ (単位略)

No.	添加物 (x)	強度 (y)
1	0.1	3.1
2	0.2	3.8
3	0.3	5.7
4	0.4	6.7
5	0.5	7.5
6	0.6	9.3

【解答】 以下の手順に従って回帰式を推定する.

手順 1　単回帰：$y_i = \beta_0 + \beta_1 x_i + \varepsilon_i$, $\varepsilon_i \sim N(0, \sigma^2)$ とする.

手順 2　x の平方和および x と y との積和は

$$S_{xx} = \sum_{i=1}^n x_i^2 - \frac{\left(\sum_{i=1}^n x_i\right)^2}{n} = 0.91 - 2.1^2/6 = 0.175$$

$$S_{xy} = \sum_{i=1}^n x_i y_i - \frac{\left(\sum_{i=1}^n x_i\right)\left(\sum_{i=1}^n y_i\right)}{n} = 14.79 - 2.1 \times 36.1/6 = 2.155$$

となる.

手順 3　回帰係数および回帰式を推定すると

$$\hat{\beta}_1 = \frac{S_{xy}}{S_{xx}} = 2.155/0.175 = 12.314$$

$$\hat{\beta}_0 = \bar{y} - \hat{\beta}_1 \bar{x} = 6.017 - 12.314 \times 0.35 = 1.707$$

$$\hat{y} = \hat{\beta}_0 + \hat{\beta}_1 x = 1.707 + 12.314 x$$

を得,図 6.3 のようになる.

(2) 信頼区間と予測区間

最小 2 乗法を用いて求めた i) 回帰係数 $\hat{\beta}_1$,ii) 定数項 $\hat{\beta}_0$,iii) $x = x_0$ における y_0 の推定量 $\hat{\beta}_0 + \hat{\beta}_1 x_0$ の信頼区間および予測区間を推定するためには,それらの分布を求める必要がある.

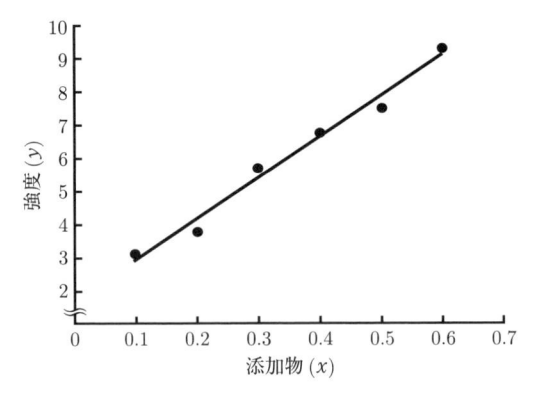

図 **6.3** 散布図と回帰式の当てはめ

まず，i) 回帰係数 $\hat{\beta}_1$ の分布を求める．

$$S_{xy} = \sum_{i=1}^{n}(x_i - \bar{x})(y_i - \bar{y}) = \sum_{i=1}^{n}(x_i - \bar{x})y_i - \bar{y}\sum_{i=1}^{n}(x_i - \bar{x})$$

において，$\bar{y}\sum_{i=1}^{n}(x_i - \bar{x}) = 0$ より，$S_{xy} = \sum_{i=1}^{n}(x_i - \bar{x})y_i$ となる．y_i は正規分布に従うから，その1次式である S_{xy} も正規分布に従う．ゆえに

$$\hat{\beta}_1 = S_{xy}/S_{xx} = \sum_{i=1}^{n}(x_i - \bar{x})y_i/S_{xx}$$

の期待値は，$E[y_i] = E[\beta_0 + \beta_1 x_i + \varepsilon_i] = \beta_0 + \beta_1 x_i$ より

$$E[\hat{\beta}_1] = \frac{1}{S_{xx}}\sum_{i=1}^{n}(x_i - \bar{x})(\beta_0 + \beta_1 x_i)$$

となる．$\beta_0 + \beta_1 x_i = \beta_1(x_i - \bar{x})$ より

$$E[\hat{\beta}_1] = \frac{\beta_1}{s_{xx}}\sum_{i=1}^{n}(x_i - \bar{x})^2 = \beta_1 \tag{6.29}$$

を得る．$\hat{\beta}_1$ の分散は，$Var[y_i] = Var[\beta_0 + \beta_1 x_i + \varepsilon_i] = Var[\varepsilon_i] = \sigma^2$ より

$$Var[\hat{\beta}_1] = \frac{1}{S_{xx}^2}\sum_{i=1}^{n}(x_i - \bar{x})^2 Var[y_i]$$

$$= \frac{1}{S_{xx}^2} \sum_{i=1}^{n} (x_i - \bar{x})^2 \sigma^2$$

$$= \frac{1}{S_{xx}} \sigma^2 \tag{6.30}$$

で与えられる．ゆえに，

$$\hat{\beta}_1 \sim N(\beta_1, \sigma_e^2/S_{xx}) \tag{6.31}$$

が成り立つ．

次に，$ii)$ 定数項 $\hat{\beta}_0$ の分布を求めよう．

$$\hat{\beta}_0 = \bar{y} - \hat{\beta}_1 \bar{x} = \frac{1}{n} \sum_{i=1}^{n} y_i - \frac{1}{S_{xx}} \sum_{i=1}^{n} (x_i - \bar{x}) y_i \bar{x}$$

$$= \sum_{i=1}^{n} \left\{ \frac{1}{n} - \frac{1}{S_{xx}} (x_i - \bar{x}) \bar{x} \right\} y_i$$

より，y_i が正規分布に従うから，$\hat{\beta}_0$ も正規分布に従う．$\hat{\beta}_0$ の期待値

$$E[\hat{\beta}_0] = E[\bar{y}] - \bar{x} E[\hat{\beta}_1] = \beta_0 + \beta_1 \bar{x} - \beta_1 \bar{x} = \beta_0 \tag{6.32}$$

となる．分散は

$$\begin{aligned} Var\left[\hat{\beta}_0\right] &= Var\left[\bar{y} - \hat{\beta}_1 \bar{x}\right] \\ &= Var[\bar{y}] + \bar{x}^2 Var\left[\hat{\beta}_1\right] - 2\bar{x} Cov\left[\bar{y}, \hat{\beta}_1\right] \end{aligned} \tag{6.33}$$

となる．ここで

$$Cov\left[\bar{y}, \hat{\beta}_1\right] = 0 \tag{6.34}$$

である[注6.1]．ゆえに

$$Var\left[\hat{\beta}_0\right] = \left(\frac{1}{n} + \frac{\bar{x}^2}{S_{xx}}\right) \sigma^2 \tag{6.35}$$

[注6.1] $Cov\left[\bar{y}, \hat{\beta}_1\right] = Cov\left[\frac{1}{n} \sum_{i=1}^{n} y_i, \frac{S_{xy}}{S_{xx}}\right] = \frac{1}{nS_{xx}} Cov\left[\sum_{i=1}^{n} y_i, \sum_{i=1}^{n} (x_i - \bar{x})(y_i - \bar{y})\right]$ において $\sum_{i=1}^{n} (x_i - \bar{x})(y_i - \bar{y}) = \sum_{i=1}^{n} (x_i - \bar{x}) y_i - \bar{y} \sum_{i=1}^{n} (x_i - \bar{x}) = \sum_{i=1}^{n} (x_i - \bar{x}) y_i$ より $Cov\left[\bar{y}, \hat{\beta}_1\right] = \frac{1}{nS_{xx}} \sum_{i=1}^{n} (x_i - \bar{x}) Var[y_i] = \frac{\sigma^2}{nS_{xx}} \sum_{i=1}^{n} (x_i - \bar{x}) = 0$ となる．

を得,
$$\hat{\beta}_0 \sim N\left(\beta_0, \left(\frac{1}{n} + \frac{\bar{x}^2}{S_{xx}}\right)\sigma^2\right) \tag{6.36}$$
がいえる.

$\hat{\beta}_0$ と $\hat{\beta}_1$ の共分散は
$$Cov\left[\hat{\beta}_0, \hat{\beta}_1\right] = -\frac{\bar{x}}{S_{xx}}\sigma^2 \tag{6.37}$$
で与えられる.

また, $iii) x = x_0$ における y_0 の推定量 $\hat{\beta}_0 + \hat{\beta}_1 x_0$ については,
$$\hat{\beta}_0 + \hat{\beta}_1 x_0 = \sum_{i=1}^{n}\left\{\frac{1}{n} - \frac{\bar{x}}{S_{xx}}(x_i - \bar{x})\right\}y_i + \frac{x_0}{S_{xx}}\sum_{i=1}^{n}(x_i - \bar{x})y_i$$
$$= \sum_{i=1}^{n}\left\{\frac{1}{n} + \frac{(x_0 - \bar{x})}{S_{xx}}(x_i - \bar{x})\right\}y_i$$
より, y_i が正規分布に従うから, $\hat{\beta}_0 + \hat{\beta}_1 x_0$ も正規分布に従う. $\hat{\beta}_0 + \hat{\beta}_1 x_0$ の期待値は
$$E[\hat{\beta}_0 + \hat{\beta}_1 x_0] = E[\hat{\beta}_0] + x_0 E[\hat{\beta}_1] = \beta_0 + \beta_1 x_0 \tag{6.38}$$
となる. 分散は, (6.30),(6.35),(6.37) 式より
$$Var\left[\hat{\beta}_0 + \hat{\beta}_1 x_0\right] = \left\{\frac{1}{n} + \frac{(x_0 - \bar{x})^2}{S_{xx}}\right\}\sigma^2 \tag{6.39}$$
で与えられる. ゆえに, x が指定された値 $x_0(x = x_0)$ における y の推定量 $\hat{\beta}_0 + \hat{\beta}_1 x_0$ は,
$$\hat{\beta}_0 + \hat{\beta}_1 x_0 \sim N\left(\hat{\beta}_0 + \hat{\beta}_1 x_0, \left(\frac{1}{n} + \frac{(x_0 - \bar{x})^2}{S_{xx}}\right)\sigma^2\right) \tag{6.40}$$
となる.

次に, 回帰係数と回帰式の信頼区間を推定しよう. (6.31) 式より, $\hat{\beta}_1$ を標準化すると, $t = \left(\hat{\beta}_1 - \beta_1\right)/\sqrt{V_e/S_{xx}}$ となり, t は $\beta_1 = 0$ のもとで自由度 $n-2$ の t 分布に従う. よって
$$\Pr\left\{-t(n-2,\alpha) \leq \frac{\hat{\beta}_1 - \beta_1}{\sqrt{V_e/S_{xx}}} \leq t(n-2,\alpha)\right\} = 1 - \alpha \tag{6.41}$$

であるから，β_1 の

$$100(1-\alpha)\%信頼区間 : \left[\hat{\beta}_1 - t(n-2,\alpha)\sqrt{\frac{V_e}{S_{xx}}},\ \hat{\beta}_1 + t(n-2,\alpha)\sqrt{\frac{V_e}{S_{xx}}}\right] \tag{6.42}$$

を得る．ただし，$\hat{\sigma}^2 = V_e$ とする．

同様に β_0 と $\beta_0 + \beta_1 x_0$ の $100(1-\alpha)\%$ 信頼区間：

$$\beta_0 : \left[\hat{\beta}_0 - t(n-2,\alpha)\sqrt{\left(\frac{1}{n} + \frac{\bar{x}^2}{S_{xx}}\right)V_e}, \hat{\beta}_0 + t(n-2,\alpha)\sqrt{\left(\frac{1}{n} + \frac{\bar{x}^2}{S_{xx}}\right)V_e}\right] \tag{6.43}$$

$$\beta_0 + \beta_1 x_0 : \left[\hat{\beta}_0 + \hat{\beta}_1 x_0 - t(n-2,\alpha)\sqrt{\left(\frac{1}{n} + \frac{(x_0-\bar{x})^2}{S_{xx}}\right)V_e},\right.$$
$$\left.\hat{\beta}_0 + \hat{\beta}_1 x_0 + t(n-2,\alpha)\sqrt{\left(\frac{1}{n} + \frac{(x_0-\bar{x})^2}{S_{xx}}\right)V_e}\right] \tag{6.44}$$

を得る．

x が指定された（データとして与えられた）x_0 における信頼区間は (6.44) 式で与えられた．ここでは，未だ実現していない $x = x_0$ での y の予測を考える．x_0 は任意の値である（データとして与えられた値でもよい）．$x = x_0$ のとき，将来，実現する応答 y の値

$$y_0 = \eta_0 + \varepsilon = \beta_0 + \beta_1 x_0 + \varepsilon$$

の予測値を

$$\hat{y}_0 = \hat{\beta}_0 + \hat{\beta}_1 x_0$$

とする．$\hat{y}_0$ と y_0 との残差は

$$e = \hat{y}_0 - y_0 = \left(\hat{\beta}_0 + \hat{\beta}_1 x_0\right) - y_0$$
$$= \left(\hat{\beta}_0 + \hat{\beta}_1 x_0\right) - (\beta_0 + \beta_1 x_0 + \varepsilon)$$

となる．第 1 項は予測値 $\hat{y}_0 = \hat{\beta}_0 + \hat{\beta}_1 x_0$ に伴う誤差，第 2 項は $\beta_0 + \beta_1 x_0$ 対する誤差である．

$$E[e] = 0 \tag{6.45}$$

より，$\hat{y}_0$ は y_0 の不偏推定量である．e の分散は，(6.39) 式より

$$Var[e] = \left(1 + \frac{1}{n} + \frac{(x_0 - \bar{x})^2}{S_{xx}}\right)\sigma^2 \tag{6.46}$$

と求まる．σ^2 の推定量として (6.25) 式の V_e を採用すると，y_0 の $100(1-\alpha)\%$ **予測区間**は

$$\left[\hat{\beta}_0 + \hat{\beta}_1 x_0 - t(n-2,\alpha)\sqrt{\left\{1 + \frac{1}{n} + \frac{(x_0 - \bar{x})^2}{S_{xx}}\right\}V_e}, \hat{\beta}_0 \right.$$

$$\left. + \hat{\beta}_1 x_0 + t(n-2,\alpha)\sqrt{\left\{1 + \frac{1}{n} + \frac{(x_0 - \bar{x})^2}{S_{xx}}\right\}V_e}\right] \tag{6.47}$$

で与えられる[注6.2]．この予測区間は $x_0 = \bar{x}$ で最小となるから，x_0 が平均値 $\bar{x}$ に近いほど精度が高くなる．

例題 6.4 例題 6.3 で推定した回帰係数 β_1 の 95% 信頼区間を求めよ．
【解答】 (6.42) 式より

$$\hat{\beta}_1 \pm t(n-2, 0.05)\sqrt{V_e/S_{xx}} = 12.314 \pm 2.776\sqrt{0.1078/0.1750}$$
$$= [10.14, 14.49]$$

となる．なお，(6.44) および (6.47) 式を用い，例題 6.3 で求めた回帰式 $\hat{y} = 1.707 + 12.314x$ の 95% 信頼区間と予測区間を求める．

(3) 回帰係数の検定

回帰係数 β_1 の検定を考える．(6.31) 式より

$$\frac{\hat{\beta}_1 - \beta_1}{\sqrt{\sigma^2/S_{xx}}} \sim N(0, 1^2) \tag{6.48}$$

[注 6.2] $e/\sqrt{Var[e]}$ は標準正規分布，$n\hat{\sigma}^2/\sigma^2$ は自由度 $n-2$ のカイ 2 乗分布に従うから，(4.14) 式より $t = \frac{e}{\sqrt{Var[e]}} / \sqrt{\frac{n\hat{\sigma}^2}{\sigma^2(n-2)}} = \frac{\hat{y}_0 - y_0}{\sigma\sqrt{1 + \frac{1}{n} + \frac{(x_0 - \bar{x})^2}{S_{xx}}}} / \sqrt{\frac{n\hat{\sigma}^2}{\sigma^2(n-2)}} = (\hat{y}_0 - y_0) / \left\{\hat{\sigma}\sqrt{\frac{n}{n-2}\left(1 + \frac{1}{n} + \frac{(x_0 - \bar{x})^2}{S_{xx}}\right)}\right\}$ は，自由度 $n-2$ の t 分布に従う．

を得る．よって (6.48) 式へ
$$\hat{\sigma}^2 = V_e \tag{6.49}$$
を代入すると
$$t = \frac{\hat{\beta}_1 - \beta_1}{\sqrt{V_e/S_{xx}}} \tag{6.50}$$
は，自由度 $n-2$ の t 分布に従う．

回帰係数 β_1 に関する帰無仮説 $H_0: \beta_1 = 0$ を検定する．帰無仮説のもとで，$t_0 = \frac{\hat{\beta}_1}{\sqrt{V_e/S_{xx}}}$ は自由度 $n-2$ の t 分布に従う．よって，検定手順は次のようになる．

手順 1　帰無仮説 $H_0: \beta_1 = 0$
　　　　対立仮説 $H_1: \beta_1 \neq 0$ ($H_1: \beta_1 < 0$ または $H_1: \beta_1 > 0$)
を設定する．

手順 2　有意水準 α を定める（通常は，0.05 か 0.01）．

手順 3　対立仮説のタイプによって棄却域を定める．

対立仮説	棄却域
$H_1: \beta_1 \neq 0$	$\|t_0\| \geq t(n-2, \alpha)$
$H_1: \beta_1 < 0$	$t_0 \leq -t(n-2, 2\alpha)$
$H_1: \beta_1 > 0$	$t_0 \geq t(n-2, 2\alpha)$

手順 4
$$t_0 = \frac{\hat{\beta}_1}{\sqrt{V_e/S_{xx}}} \tag{6.51}$$
を計算する．

手順 5　t_0 の値が，手順 3 の棄却域に入れば，帰無仮説 H_0 を棄却する．
また，y 切片 β_0 についても検定統計量
$$t = \frac{\hat{\beta}_0 - \beta_0}{\sqrt{(1/n + \bar{x}^2/S_{xx})\, V_e}} \tag{6.52}$$
を用いると β_1 と同様に検定を行うことができる．帰無仮説 $H_0: \beta_0 = 0$ は，直線が原点 $(0,0)$ を通るかどうかの検定である．

例題 6.5 例題 6.3 のデータについて，$H_0: \beta_1 = 0, H_1: \beta_1 \neq 0$ の検定を行え．

【解答】 (6.51) 式より

$$|t_0| = \frac{\hat{\beta}_1}{\sqrt{V_e/S_{xx}}} = \frac{12.314}{\sqrt{0.1078/0.1750}} = 15.69^{**} > t(4, 0.01) = 4.604$$

となり，高度に有意である．

(4) 分散分析

回帰分析では，データのバラツキは

$$\sum_{i=1}^{n}(y_i - \bar{y})^2 = \sum_{i=1}^{n}\{y_i - (\hat{\beta}_0 + \hat{\beta}_1 x_i) + (\hat{\beta}_0 + \hat{\beta}_1 x_i) - (\hat{\beta}_0 + \hat{\beta}_1 \bar{x})\}^2$$
$$= \sum_{i=1}^{n}\{y_i - (\hat{\beta}_0 + \hat{\beta}_1 x_i)\}^2 + \hat{\beta}_1^2 \sum_{i=1}^{n}(x_i - \bar{x})^2 \quad (6.53)$$

と分解される．ここで

$$\left.\begin{aligned} S_T(=S_{yy}) &= \sum_{i=1}^{n}(y_i - \bar{y})^2, \; \phi_T = n-1 \\ S_R &= \hat{\beta}_1^2 \sum_{i=1}^{n}(x_i - \bar{x})^2 = S_{xy}^2/S_{xx}, \; \phi_R = 1 \\ S_e &= \sum_{i=1}^{n}\{y_i - (\hat{\beta}_0 + \hat{\beta}_1 x_i)\}^2 = S_T - S_R, \; \phi_e = n-2 \end{aligned}\right\} \quad (6.54)$$

とおく．S_T は**総平方和**，S_R は**回帰による平方和**，S_e は**残差平方和**である．よって，次の分散分析表 (表 6.2) が得られる．

表 6.2 回帰分析のための分散分析表

sv	ss	df	ms	F_0
回帰	S_R	ϕ_R	$V_R = S_R/\phi_R$	V_R/V_e
残差	S_e	ϕ_e	$V_e = S_e/\phi_e$	—
計	S_T	ϕ_T	—	

S_R の検定は回帰係数 β_1 の検定と同じであり，いずれで検定してもよい．

また，S_R が S_T に占める割合 S_R/S_T

$$R^2 = \frac{S_R}{S_T}\left(= \frac{S_R}{S_{yy}}\right) = 1 - \frac{S_e}{S_{yy}} = \frac{S_{xy}^2}{S_{xx}S_{yy}}, (o \leq R^2 \leq 1) \tag{6.55}$$

は，**寄与率**（もしくは**決定係数**）と呼ばれ，相関係数 r の 2 乗となる．回帰分析においては，寄与率が大きいほど回帰直線の当てはまりがよい．

例題 6.6 例題 6.3 のデータについて，分散分析を行え．
【解答】

$$S_T = \sum_{i=1}^{n} y_i^2 - \frac{\left(\sum_{i=1}^{n} y_i\right)^2}{n} = 244.17 - 36.1^2/6 = 26.968, \ \phi_T = 6 - 1 = 5$$

$$S_R = S_{xy}^2/S_{xx} = 2.155^2/0.175 = 26.537, \ \phi_R = 1$$

$$S_e = S_T - S_R = 26.968 - 26.537 = 0.431, \ \phi_e = 5 - 1 = 4$$

より，分散分析表は表 6.3 となる．

表 **6.3** 回帰分析のための分散分析表

sv	ss	df	ms	F_0
回帰	26.537	1	26.537	246.6 **
誤差	0.431	4	0.1078	—
計	26.968	5	—	

$F(1, 4; 0.01) = 21.198$

例題 6.7 例題 6.3 のデータについて，寄与率 R^2 を求めよ．
【解答】 (6.55) 式より，

$$R^2 = \frac{S_R}{S_T} = \frac{26.537}{26.968} = 0.984$$

を得る．

以上の例題について，R を用いて解析する．R プログラム

```
# 例題6.3～例題6.7（単回帰分析）
>library(car)
>x<-c(0.1,0.2,0.3,0.4,0.5,0.6)    # 添加物
>y<-c(3.1,3.8,5.7,6.7,7.5,9.3)    # 強度
>rei6.6<-data.frame(x,y)
>Model.1<-lm(y~x,data=rei6.6)     # 回帰分析
>summary(Model.1)                 # 回帰分析の要約
>Anova(Model.1,type="II")         # 分散分析
>confint(Model.1, level=.95)      # 回帰係数の95%信頼区間
>plot(rei6.6);abline(Model.1)     # 実験データの散布図;回帰直線の追加
```

を用いると

```
Call:
lm(formula = y ~ x, data = rei6.6)
Residuals:
       1        2        3        4        5        6
 0.16190 -0.36952  0.29905  0.06762 -0.36381  0.20476
Coefficients:
            Estimate Std. Error t value Pr(>|t|)     : 回帰係数の推定値，
その標準誤差,t値,p値
(Intercept)   1.7067     0.3056   5.585  0.00504 **  : 定数項（β0）
x            12.3143     0.7847  15.693 9.63e-05 *** : 回帰係数（β1）
---
Signif. codes:  0 '***' 0.001 '**' 0.01 '*' 0.05 '.' 0.1 ' ' 1
Residual standard error: 0.3283 on 4 degrees of freedom : 残差の標準誤差
Multiple R-squared: 0.984,    Adjusted R-squared: 0.98  : 寄与率,調整
済寄与率
F-statistic: 246.3 on 1 and 4 DF,  p-value: 9.632e-05  : F0値,p値
> library(car)
> Anova(result,type="II")        # 分散分析
Anova Table (Type II tests)
Response: y
          Sum Sq Df F value    Pr(>F)
x         26.537  1  246.26 9.632e-05 *** : Se,df,F0値,p値
Residuals  0.431  4                       : Se,df
---
Signif. codes:  0 '***' 0.001 '**' 0.01 '*' 0.05 '.' 0.1
```

```
> confint(result, level=.95)
                2.5 %     97.5 %
(Intercept)  0.8581746   2.555159    :  β0の95%信頼区間の下限と上限
x           10.1355593  14.493012    :  β1の95%信頼区間の下限と上限


> plot(rei6.6);abline(result)        #  実験データの散布図;回帰直線の追加
```

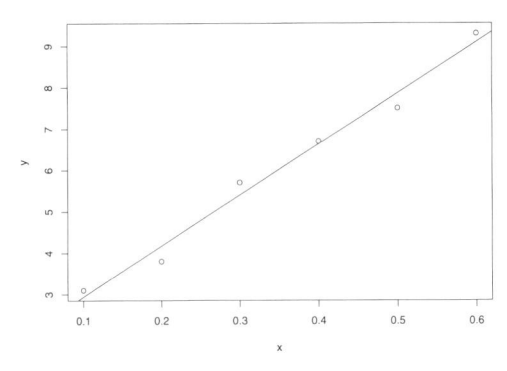

図 6.4 散布図と回帰直線

が得られる．なお，Residual standard error は残差の標準誤差で，(6.25)式の残差平均平方 V_e の平方根である．さらに，先の R プログラムの後に

```
>data <- cbind(x, y)
>sort <- data[sort.list(data[,1]),]
>x <- sort[,1]
>y <- sort[,2]
>model.1 <- lm(y1~x1)
>pr1 <- predict(model.1, int="prediction", level=0.95) # 95%予測区間
>pr2 <- predict(model.1, int="confidence", level=0.95) # 95%信頼区間
>pr3 <- cbind(pr1, pr2)
># グラフ
>matplot(x, pr3, xlab="x", ylab="y", type="l",lty=c(2,3,3,1,2),
>col=c("black","black","black","black","black","black")) # 線の色は総て黒
># 凡例の追加
>legend(min(x), max(pr3),
```

```
legend=c("回帰直線","95%予測区間","95%信頼区間"),lty=c(1,3,2))
```

を追加すれば，回帰直線の推定値と 95%信頼区間および 95%予測区間のグラフ（図 6.5）を得ることができる．

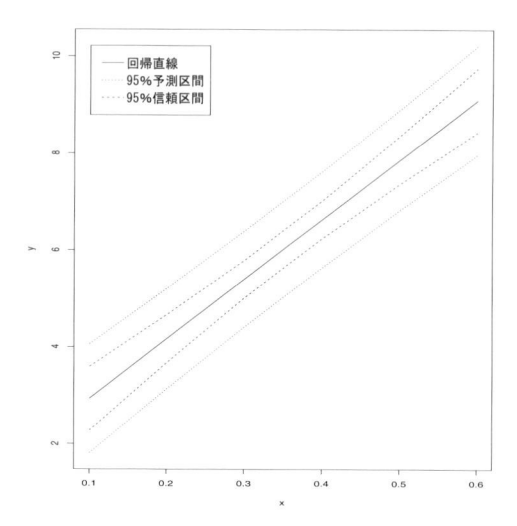

図 6.5 $\hat{y} = 1.707 + 12.314x$ の 95%信頼区間および予測区間

6.3 重回帰分析

一般に，説明変数は (6.15) 式のような 1 個と限らず，$p(\geq 2)$ 個ある

$$y_i = \beta_0 + \beta_1 x_{i1} + \beta_2 x_{i2} + \cdots + \beta_p x_{ip} + \varepsilon_i, \\ \varepsilon_i \sim NID(0, \sigma^2),\ i = 1, 2, \ldots, n \tag{6.56}$$

を**線形重回帰モデル**という．

(1) 最小 2 乗法による推定

誤差 $\varepsilon = (\varepsilon_1, \ldots, \varepsilon_n)$ の平方和が小さいほど，データと直線の当てはまりがよいとする．誤差平方和を

$$S(\beta_0, \beta_1, \ldots, \beta_p) = \sum_{i=1}^{n} \{y_i - (\beta_0 + \beta_1 x_{i1} + \cdots + \beta_p x_{ip})\}^2 \quad (6.57)$$

とし, S を $\beta_0, \beta_1, \ldots, \beta_p$ について最小化すればよい.

$p = 2$ の場合, (6.56) 式は $y_i = \beta_0 + \beta_1 x_{i1} + \beta_2 x_{i2} + \varepsilon_i$ と書ける. (6.57) 式より,

$$\left.\begin{aligned}\frac{\partial S(\beta_0, \beta_1, \ldots, \beta_p)}{\partial \beta_0} &= -2 \sum_{i=1}^{n} \{y_i - (\beta_0 + \beta_1 x_{i1} + \cdots + \beta_p x_{ip})\} = 0 \\ \frac{\partial S(\beta_0, \beta_1, \ldots, \beta_p)}{\partial \beta_1} &= -2 \sum_{i=1}^{n} x_{i1}\{y_i - (\beta_0 + \beta_1 x_{i1} + \cdots + \beta_p x_{ip})\} = 0 \\ \frac{\partial S(\beta_0, \beta_1, \ldots, \beta_p)}{\partial \beta_2} &= -2 \sum_{i=1}^{n} x_{i2}\{y_i - (\beta_0 + \beta_1 x_{i1} + \cdots + \beta_p x_{ip})\} = 0\end{aligned}\right\}$$
(6.58)

となる[注 6.3]. よって, $\hat{\beta}_0, \hat{\beta}_1, \hat{\beta}_2$ に関する正規方程式

$$\left.\begin{aligned}n\hat{\beta}_0 + \sum_{i=1}^{n} x_{i1}\hat{\beta}_1 + \sum_{i=1}^{n} x_{i2}\hat{\beta}_2 &= \sum_{i=1}^{n} y_i \\ \sum_{i=1}^{n} x_{i1}\hat{\beta}_0 + \sum_{i=1}^{n} x_{i1}^2 \hat{\beta}_1 + \sum_{i=1}^{n} x_{i1}x_{i2}\hat{\beta}_2 &= \sum_{i=1}^{n} x_{i1} y_i \\ \sum_{i=1}^{n} x_{i2}\hat{\beta}_0 + \sum_{i=1}^{n} x_{i1}x_{i2}\hat{\beta}_1 + \sum_{i=1}^{n} x_{i2}^2 \hat{\beta}_2 &= \sum_{i=1}^{n} x_{i2} y_i\end{aligned}\right\}$$
(6.59)

を解けば

$$\left.\begin{aligned}\hat{\beta}_0 &= \bar{y} - \hat{\beta}_1 \bar{x}_1 - \hat{\beta}_2 \bar{x}_2 \\ \hat{\beta}_1 &= \frac{S_{x_2 x_2} S_{x_1 y} - S_{x_1 x_2} S_{x_2 y}}{S_{x_1 x_1} S_{x_2 x_2} - S_{x_1 x_2}^2} \\ \hat{\beta}_2 &= \frac{S_{x_1 x_1} S_{x_2 y} - S_{x_1 x_2} S_{x_1 y}}{S_{x_1 x_1} S_{x_2 x_2} - S_{x_1 x_2}^2}\end{aligned}\right\}$$
(6.60)

となる. ただし,

[注 6.3] (6.58) 式は残差 $e_i = y_i - \hat{y}_i$ を用い $\sum_{i=1}^{n} e_i = 0, \sum_{i=1}^{n} x_{i1} e_i = 0, \sum_{i=1}^{n} x_{i2} e_i = 0$ と書ける.

$$\left.\begin{aligned}
&\bar{x}_1 = \frac{1}{n}\sum_{i=1}^{n} x_{i1},\ \bar{x}_2 = \frac{1}{n}\sum_{i=1}^{n} x_{i2},\ \bar{y} = \frac{1}{n}\sum_{i=1}^{n} y_i \\
&S_{x_1 x_1} = \frac{1}{n-1}\sum_{i=1}^{n}(x_{i1}-\bar{x}_1)^2,\ S_{x_2 x_2} = \frac{1}{n-1}\sum_{i=1}^{n}(x_{i2}-\bar{x}_2)^2 \\
&S_{x_1 x_2} = \frac{1}{n-1}\sum_{i=1}^{n}(x_{i1}-\bar{x}_1)(x_{i2}-\bar{x}_2) \\
&S_{x_1 y} = \frac{1}{n-1}\sum_{i=1}^{n}(x_{i1}-\bar{x}_1)(y_i-\bar{y}) \\
&S_{x_2 y} = \frac{1}{n-1}\sum_{i=1}^{n}(x_{i2}-\bar{x}_2)(y_i-\bar{y})
\end{aligned}\right\} \tag{6.61}$$

である．$\hat{\beta}_0,\ \hat{\beta}_1,\ \hat{\beta}_2$ は $\beta_0,\ \beta_1,\ \beta_2$ の最小 2 乗推定量であり，重回帰モデルの回帰係数を**偏回帰係数** (partial correlation coefficient) と呼ぶ．重回帰式は，

$$\hat{y} = \hat{\beta}_0 + \hat{\beta}_1 x_1 + \hat{\beta}_2 x_2 \tag{6.62}$$

と推定され，残差平方和 S_e は，

$$S_e = \sum_{i=1}^{n} e_i^2 = \sum_{i=1}^{n}(y_i - \hat{y}_i)^2 \tag{6.63}$$

となる．回帰による平方和 S_R は，

$$S_R = \sum_{i=1}^{n}(\hat{y}_i - \bar{y})^2 \tag{6.64}$$

で，自由度は $\phi_R = p$ ある．総平方和 S_T は，

$$\begin{aligned}
S_T &= \sum_{i=1}^{n}(y_i - \bar{y})^2 \\
&= \sum_{i=1}^{n}(y_i - \hat{y}_i + \hat{y}_i - \bar{y})^2 \\
&= \sum_{i=1}^{n}(y_i - \hat{y}_i)^2 + \sum_{i=1}^{n}(\hat{y}_i - \bar{y})^2 + 2\sum_{i=1}^{n}(y_i - \hat{y}_i)(\hat{y}_i - \bar{y}) \\
&= \underbrace{\sum_{i=1}^{n}(y_i - \hat{y}_i)^2}_{S_e} + \underbrace{\sum_{i=1}^{n}(\hat{y}_i - \bar{y})^2}_{S_R}
\end{aligned} \tag{6.65}$$

と書け，自由度は $\phi_T = n - p - 1$ ある．よって，総平方和は

$$S_T = S_e + S_R \tag{6.66}$$

となり，残差平方和 S_e（自由度は $\phi_e = n - 1$）と回帰による平方和 S_R とに分解される．

寄与率は，

$$R^2 = S_R/S_T = 1 - S_e/S_T \tag{6.67}$$

で与えられる．これは，回帰平方和 S_R（回帰による変動）が，総平方和 S_T（全変動）に対してどの程度の割合を占めているかを示す量である．すなわち，目的変数 y の変動を p 個の説明変数 $(x_1, \ldots, x_p)$ で説明できる割合である．

ここで，

$$\begin{aligned}\sum_{i=1}^n (y_i - \bar{y})(\hat{y}_i - \bar{y}) &= \sum_{i=1}^n (y_i - \hat{y}_i + \hat{y}_i - \bar{y})(\hat{y}_i - \bar{y}) \\ &= \sum_{i=1}^n (e_i + \hat{y}_i - \bar{y})(\hat{y}_i - \bar{y}) = \sum_{i=1}^n e_i(\hat{y}_i - \bar{y}) + \sum_{i=1}^n (\hat{y}_i - \bar{y})^2\end{aligned}$$

となり，

$$\begin{aligned}\sum_{i=1}^n e_i(\hat{y}_i - \bar{y}) &= \sum_{i=1}^n e_i(\hat{\beta}_0 + \hat{\beta}_1 x_{i1} + \cdots + \hat{\beta}_p x_{ip}) - \bar{y}\sum_{i=1}^n e_i \\ &= (\hat{\beta}_0 - \bar{y})\sum_{i=1}^n e_i + \hat{\beta}_1\sum_{i=1}^n e_i x_{i1} + \cdots + \hat{\beta}_p\sum_{i=1}^n e_i x_{ip}\end{aligned}$$

の各項は，(6.58) 式を用いるとゼロになる．

よって，$\sum_{i=1}^n (y_i - \bar{y})(\hat{y}_i - \bar{y}) = \sum_{i=1}^n (\hat{y}_i - \bar{y})^2$ より，S_R は

$$S_R = \sum_{i=1}^n (\hat{y}_i - \bar{y})^2 = \sum_{i=1}^n (y_i - \bar{y})(\hat{y}_i - \bar{y})$$

と表せ，寄与率は

$$R^2 = \frac{S_R}{S_T} = \frac{S_R^2}{S_T S_R} = \frac{\left\{\sum_{i=1}^n (y_i - \bar{y})(\hat{y}_i - \bar{y})\right\}^2}{\sum_{i=1}^n (y_i - \bar{y})^2 \sum_{i=1}^n (\hat{y}_i - \bar{y})^2}$$

と書け，

$$R = \frac{\sum_{i=1}^{n}(y_i - \bar{y})(\hat{y}_i - \bar{y})}{\sqrt{\sum_{i=1}^{n}(y_i - \bar{y})^2 \sum_{i=1}^{n}(\hat{y}_i - \bar{y})^2}}$$

となる．さらに $\bar{\hat{y}} = \bar{y}$ [注 6.4] より，

$$R = \frac{\sum_{i=1}^{n}(y_i - \bar{y})(\hat{y}_i - \bar{\hat{y}})}{\sqrt{\sum_{i=1}^{n}(y_i - \bar{y})^2 \sum_{i=1}^{n}(\hat{y}_i - \bar{\hat{y}})^2}}$$

となる．よって，R は実測値 y と予測値 $\hat{y}$ との相関係数であり，**重相関係数** (multiple correlayion coefficient) と呼ばれている．

n が小さいとき，重相関係数 R は 1 近くになる．特に，$p = n - 1$ になると $S_e = 0$ より $R = 1$ となる．そこで，$n - p - 1$ があまり大きくないとき，平方和 S_R と総平方和 S_T をそれらの自由度で割った**自由度調整済重相関係数** (adjusted multiple correlation coefficient)

$$R^* = \sqrt{1 - \frac{V_e}{V_T}} \tag{6.68}$$

を採用する．ただし，

$$V_e = \frac{S_e}{n - p - 1}, \quad V_T = \frac{S_T}{n - 1}$$

とする．R^{*2} は R^2 より小さくなる[注 6.5]．

また，定理 4.3 から $\sum e_i^2 / \sigma^2$ はカイ 2 乗分布に従う．ただし，$(p+1)$ 個の未知のパラメータ $\boldsymbol{\beta} = (\beta_0, \ldots, \beta_p)^t$ を含んでいるので，自由度は $n - (p+1)$

[注 6.4] (6.59) 式の第 1 式を n で割ると $\hat{\beta}_0 + \hat{\beta}_1 \sum_{i=1}^{n} x_{i1}/n + \hat{\beta}_2 \sum_{i=1}^{n} x_{i2}/n = \sum_{i=1}^{n} y_i/n$ より $\hat{\beta}_0 + \hat{\beta}_1 \bar{x}_1 + \hat{\beta}_2 \bar{x}_2 = \bar{y}$ を得る．ここで $\hat{y}_i = \hat{\beta}_0 + \hat{\beta}_1 x_{i1} + \hat{\beta}_2 x_{i2}$ より $\bar{\hat{y}} \equiv \sum_{i=1}^{n} \hat{y}_i/n$ とおくと $\bar{\hat{y}} = \hat{\beta}_0 + \hat{\beta}_1 \bar{x}_1 + \hat{\beta}_2 \bar{x}_2$ となり $\bar{\hat{y}} = \bar{y}$ を得る．
[注 6.5] (6.68) 式より $R^{*2} = 1 - \frac{V_e}{V_T} = 1 - \frac{S_e/(n-p-1)}{S_T/(n-1)} = 1 - \frac{n-1}{n-p-1}(1 - R^2) = \frac{1}{n-p-1}\{(n-1)R^2 - p\}$ と書ける．よって $R^{*2} - R^2 = R^2\left(\frac{n-1}{n-p-1} - 1\right) - \frac{p}{n-p-1} = -\frac{p}{n-p-1}(1 - R^2) \leq 0$ を得，$R^2 \geq R^{*2}$ となる．

である．ゆえに，$\sum e_i^2/\sigma^2 = S_e/\sigma^2 \sim \chi_{n-p-1}^2$ となり，$E(S_e/\sigma^2) = n-p-1$ より，σ^2 は，

$$\hat{\sigma}^2 = \frac{S_e}{n-p-1} = V_e \tag{6.69}$$

と推定される．

このように，重回帰の各係数の推定は，単回帰の拡張として最小2乗法を用いて求めることができる．しかし，説明変数が3個以上になると計算は煩雑になるので，Rの関数 lm() を利用するとよい．

例題 6.8 ある製品の原料に含まれる成分 x_1 と成分 x_2 の含有量が，製品の硬度に与える影響を検討するために，ロットの異なる原料で生産された14個の製品について，成分 x_1, x_2 の含量と硬度 (y) を測定し，重回帰分析を試みることにした．測定データを表6.4に示す．

表 6.4 原料の成分と製品の硬度

No	成分 x_1	成分 x_2	硬度 y
1	1.6	8.7	22
2	1.9	5.2	27
3	3.1	8.0	28
4	3.6	4.0	34
5	5.0	2.7	47
6	3.8	7.1	27
7	2.0	4.0	28
8	5.0	3.2	44
9	4.1	6.0	32
10	5.5	7.5	32
11	4.2	2.1	43
12	2.8	3.4	32
13	2.1	7.6	25
14	4.4	5.0	34

(1) 重回帰モデルの当てはめ

Rを用いて解析を進める．まず，データの変数間の相関を見る．Rプログラム

```
# 例題6.8
>x1<-c(1.6,1.9,3.1,3.6,5.0,3.8,2.0,5.0,4.1,5.5,4.2,2.8,2.1,4.4)
>x2<-c(8.7,5.2,8.0,4.0,2.7,7.1,4.0,3.2,6.0,7.5,2.1,3.4,7.6,5.0)
>y<-c(22,27,28,34,47,27,28,44,32,32,43,32,25,34)
>rei6.8<-data.frame(x1,x2,y)
>cor(rei6.8)    # 相関行列
>pairs(rei6.8) # 多変量散布図
```

を用いると

```
          x1          x2          y
x1   1.0000000 -0.3228025  0.7487160
x2  -0.3228025  1.0000000 -0.7922812
y    0.7487160 -0.7922812  1.0000000
```

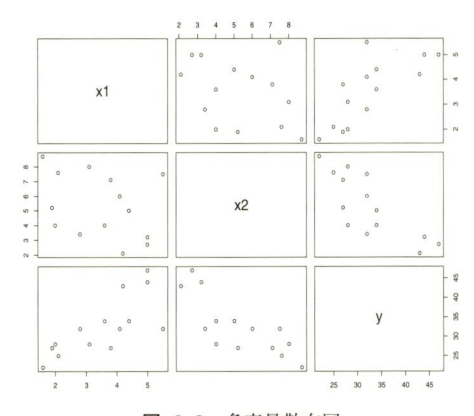

図 6.6 多変量散布図

となる．相関行列，多変量相関図より，硬度 y と成分 x_1 の含量との間には正の相関が，x_2 との間では負の相関がいずれも高く，x_1 と x_2 の相関はあまり高くないことがわかる．続いて，y を目的変数，x_1 と x_2 を説明変数とした重回帰モデル

$$Model.1 : y_i = \beta_0 + \beta_1 x_{i1} + \beta_2 x_{i2} + \varepsilon_i \tag{6.70}$$

に関数 lm() を適用する．

R プログラム

```
>Model.1 <- lm(y ~ x1 +x2, data= rei6.8)    # 回帰分析
>summary(Model.1)                           # 回帰分析結果の要約
>(predict(Model.1,int="c", level=0.95))     # 95%信頼区間
>Model.1$residual                           # 残差
```

を用いると

```
> summary(Model.1)
Call:
lm(formula = y ~ x1 + x2, data = rei6.8)
Residuals:
      Min     1Q   Median      3Q     Max          : 残差の四分位数
  -2.6770 -2.2310 -0.7813  2.1217  4.1568
Coefficients:
            Estimate  Std. Error  t value  Pr(>|t|)
              : 偏回帰係数の推定値,その標準誤差,t値,p値
(Intercept)  32.4943      3.2704    9.936  7.88e-07 ***
x1            3.2125      0.5910    5.435  0.000205 ***
x2           -2.1162      0.3486   -6.071  8.07e-05 ***
---
Signif. codes:  0 '***' 0.001 '**' 0.01 '*' 0.05 '.' 0.1 ' ' 1
Residual standard error: 2.581 on 11 degrees of freedom   : 残差の標準誤差
Multiple R-squared: 0.899,Adjusted R-squared: 0.8806: 寄与率，調整済寄与率
F-statistic: 48.95 on 2 and 11 DF,  p-value: 3.341e-06     : $F_0$値,$p$値
>(predict(Model.1,int="c", level=0.95))  # 予測値と95%信頼区間下限，上限
        fit     lwr      upr  : 予測値,95%信頼区間の下限と上限
1  19.22364 15.90288 22.54440
2  27.59400 24.98431 30.20369
   .    .      .       .
   .    .      .       .
13 23.15769 20.57969 25.73568
14 36.04851 34.16965 37.92737
> Model.1$residual       # 残差
            1          2    .    .         13           14
    2.7763588 -0.5940013   .    .     1.8423130   -2.0485112   : 残差
```

を得る．結果の要約 summary(Model.1) から，Model.1 の推定式は

$$\hat{y} = 32.4943 + 3.2125x_1 - 2.1162x_2$$

となる．

偏回帰係数の推定値 Estimate に続く Std.Error は，偏回帰係数の標準誤差であり，t.value は偏回帰係数の推定値を標準誤差で割った t_0 の値である．また，Residual standard error は残差の標準誤差であり，F-statistic と p-value は偏回帰係数について帰無仮説 $H_0: \beta_1 = \beta_2 = 0$ の検定統計量である．Multiple R-squared は (6.67) 式の寄与率 $R^2 = S_R/S_T$ で，Adjusted R-squared は (6.68) 式の自由度調整済重相関係数である．

例題の結果をまとめると，Model.1 の偏回帰係数はいずれも t 検定で高度に有意となっている．F 検定では p 値は極めて小さく高度に有意であり，寄与率は 0.889 であり，全変動のほぼ 90% を説明できることを示している．(predict(Model.1,int="c", level=0.95)) 以下は，実験点の予測値とその 95%信頼区間の出力結果であり，Model.1$residual は，残差（実現値と予測値との差）の出力結果である．

偏回帰係数は変数間の相関によって相対的に定まる．y と x_1，y と x_2 について単回帰分析を行うと，2 つの回帰式で回帰係数はいずれが有意となっても，重回帰分析では，偏回帰係数はいずれが有意とならないことがある．相関が高いときには，読みとるときに注意が必要である．

[偏回帰係数の内容]

次に，偏回帰係数の内容について説明する．説明変数が p 個ある重回帰モデルから説明変数 x_k を除き，残りの $p-1$ 個の説明変数と目的変数 y との間で重回帰分析を行い，その残差 $(y - \hat{\eta}_y)$ を r_y とする．一方，除いた説明変数 x_k を目的変数として残った $p-1$ 個の説明変数との重回帰分析を行い，その残差 $(x_k - \hat{\eta}_{x_k})$ を r_x とする．この r_y の r_x に対する単回帰分析を行い，得られる回帰係数がすべての説明変数を含む重回帰モデルでの偏回帰係数である．言い換えれば，偏回帰係数は，説明変数 x_k を除く重回帰モデルで y の変動を説明できなかった部分 (r_y) を，変数 x_k から残りの $p-1$ 個の変数の影響を除いた部分 (r_x) で説明しようとする，単回帰分析の回帰係数にあたる．ここで，例題 6.8 の x_1 の偏回帰係数について確かめると，y の x_2 に対する回帰式は

$\hat{y} = 47.0157 - 2.7278x_2$, x_1 の x_2 に対する回帰式は $\hat{x}_1 = 4.5203 - 0.1904x_2$, それぞれの残差 r_y の r_x に対する回帰式は $r_y = 3.2125r_x$ となり，この回帰係数が先に求めた x_1 の偏回帰係数と一致することがわかる．r_y と r_x の相関係数を**偏相関係数** (partial correlation coefficient) と呼ぶ．r_y の r_x に対する散布図を**偏回帰プロット** (partial plot) と呼び，偏相関係数がどのような散布図から得られたかを視覚的に検討するのに役立つ．

[変数の単位と標準回帰係数]

変数の単位によって偏回帰係数の桁数は変わる．この単位の影響をなくす方法として，すべての変数のデータを基準化（平均 0, 分散 1）し，重回帰分析を行うことがある．得られる回帰係数を**標準偏回帰係数** (standardized patial regression coefficient)$\hat{\beta}'_k$ と呼び，偏回帰係数 $\hat{\beta}_k$ との間で

$$\hat{\beta}'_k = \hat{\beta}_k \sqrt{\frac{S_{kk}}{S_T}} \tag{6.71}$$

の関係がある．変数間で桁数が異なる，変動幅が大きく異なるなどの場合には，データを基準化して回帰分析を行うほうが望ましい．

(2) 重回帰モデルの吟味

[残差分析]

重回帰モデルを吟味するうえで，残差を分析することが重要である．縦軸に残差を，横軸に変数 x あるいは予測値をとり，残差をプロットする散布図は，誤差の前提条件（不偏性，独立性，等分散性，正規性）の確認だけでなく，モデルの検討に役立つ．次に R を使って，例題の Model.1 で得られた，重回帰式

$$\hat{y} = 32.494 + 3.213x_1 - 2.116x_2 \tag{6.72}$$

について残差の検討を行う．

先ほどの R プログラムに続き

```
>par(mfrow=c(2,2))
>plot(Model.1)
```

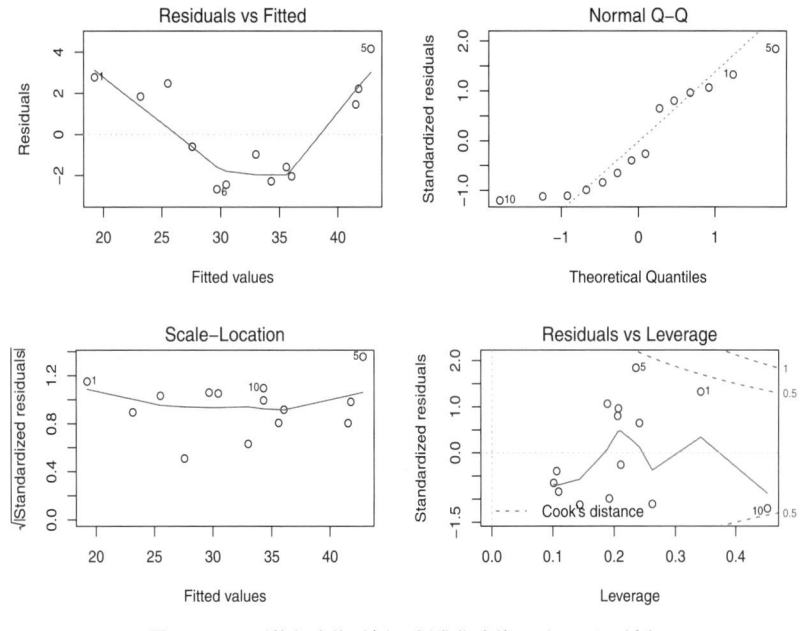

図 6.7 予測値と残差（左），標準化残差のプロット（右）

と入力すると図 6.7 が得られる．4 種類の回帰を診断するための，回帰診断図と呼ばれるプロットが出力される．左上の図 Residuals vs Fitted は縦軸に残差，横軸に予測値をとるプロットであり，視覚的に残差のバラツキを考察するのに有用である．右上の図 NormalQ-Q は **Q-Q プロット**と呼ばれ，残差が正規分布に従っているかをみる散布図であり，正規分布に従えば直線上に並ぶ．左下の図 Scale-Location は縦軸に標準化残差の平方根，横軸に予測値をとるプロットであり，これも残差のバラツキを概観する図である．右下の Residuals vs Leverage は，縦軸に標準化残差，横軸に**てこ比** (levarage) をとるプロットである．てこ比は各データがモデルの予測に与える影響を評価する指標であり，値の大きいデータは影響が大きい．図中の点線で書かれた Cook's-distance は **Cook の距離**と呼ばれ，これもデータが予測に与える影響を評価する指標である．この値が 0.5 以上であれば，影響が大きいといわれている．これらの散布図は，残差の特に大きい**外れ値**を見つけるのにも有効である．

例題 6.8 では，Residuals vs Fitted プロットより，残差の現れ方はランダムではなく，推定値の低いところと高いところで正の残差が多く，中間のところでは負の残差が集まっていることがわかる．NormalQ-Q プロットでは，直線にやや歪みが見られる．Residuals vs Leverage では Cook の距離はいずれも 0.5 以内である．これらの結果から，Model.1 ではまだ説明しきれておらず，x_1 と x_2 の交互作用などの存在が示唆されるようだ．そこで次に，Model.1 に交互作用を加えた Model.2

$$Model.2 : y_i = \beta_0 + \beta_1 x_{i1} + \beta_2 x_{i2} + \beta_2 x_{i1} * x_{i2} + \varepsilon_i \tag{6.73}$$

について重回帰分析を行う．
さらに

```
>Model.2 <- lm(y ~ x1 +x2+x1*x2, data=rei6.8)
>summary(Model.2)   #  回帰分析結果の要約
```

と続けて入力すると

```
> summary(Model.2)
Call:
lm(formula = y ~ x1 + x2 + x1 * x2, data = rei6.8)
Residuals:
    Min      1Q  Median      3Q     Max
-1.9475 -0.7846  0.1200  0.7048  2.3139
Coefficients:
            Estimate Std. Error t value Pr(>|t|)    : 偏回帰係数の推定値,そ
の標準誤差,t値,p値
(Intercept)  16.0668     3.4361   4.676 0.000873 ***
x1            7.6498     0.8625   8.869 4.72e-06 ***
x2            0.6079     0.5269   1.154 0.275401
x1:x2        -0.7645     0.1388  -5.509 0.000258 ***
---
Signif. codes:  0 '***' 0.001 '**' 0.01 '*' 0.05 '.' 0.1 ' ' 1
Residual standard error: 1.348 on 10 degrees of freedom  : 残差の標準誤差
Multiple R-squared: 0.975,Adjusted R-squared: 0.9675: 寄与率, 調整済寄与率
F-statistic: 129.8 on 3 and 10 DF,  p-value: 2.632e-08   : $F_0$値, $p$値
```

を得る.

Model.1 と Model.2 における残差の標準誤差, 自由度調整済寄与率, 分散分析の F 値を比較すると

	残差の標準誤差	自由度調整済寄与率	F 値
Model.1	2.581	0.881	48.95
Model.2	1.348	0.968	129.8

となる. 交互作用を加えた Model.2 は, Model.1 に比べ, 残差の標準誤差は約 $1/2$ に, 自由度調整済寄与率は 9% 近く高くなり, 回帰式の当てはまりは改善されている.

次に, Model.1 と同様の残差の分析を行った結果を示す. さらに

```
>par(mfrow=c(2,2))
>plot(Model.2)     # 回帰診断
```

と入力すると, 図 6.8 が得られる. 残差プロットの結果では, 残差に規則的

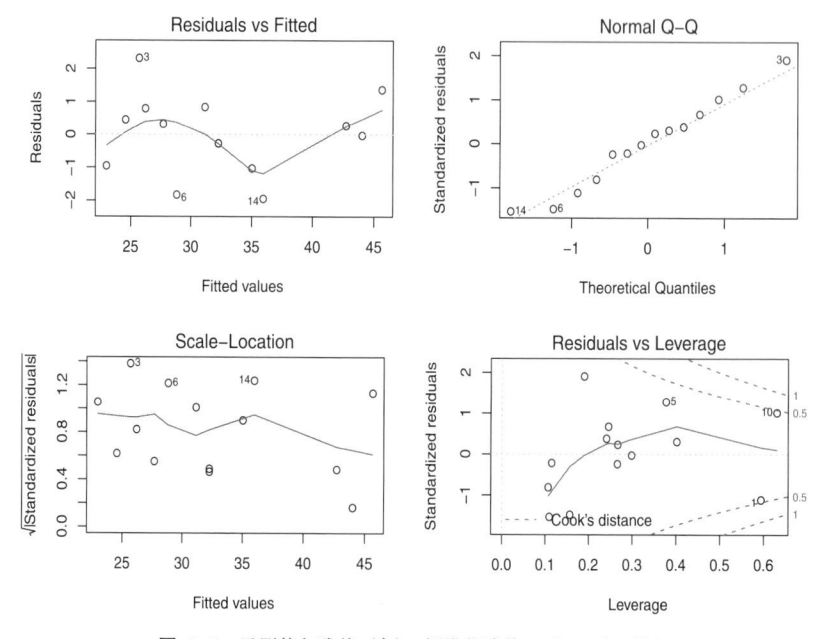

図 6.8 予測値と残差 (左), 標準化残差のプロット (右)

な変動が見られなくなり，残差の正規分布への当てはまりもよくなっている．

(3) 変数選択

予測を目的として重回帰式を作成する場合，回帰式に取り込む説明変数の個数 p が多くなると，寄与率は高くなり当てはまりはよくなる．回帰式の推定に用いたデータについては確かに正しいが，新たに得られたデータに対してその保証はない．実用できる予測式を作ろうと思えば，少ない説明変数で，再現性のある予測ができる式となるように，変数を選択しなければならない．重回帰式の推定において，よい回帰式を求めるための，変数選択の基準がいくつか提案されている．自由度調整済寄与率，Mallows の C_p 統計量，赤池の情報量規準 **AIC** (Akaike's Information Criterion) などである．いずれも，取り込む説明変数の数を考慮し，調整した統計量である．ここでは，R の変数を選択する関数 stepAIC() にも使われている AIC について簡単に説明する．AIC は，

$$\text{AIC} = -2\log L(\hat{\beta} \mid y) + 2(p+1) \tag{6.74}$$

で定義され，その値が小さいほど当てはまりはよい．なお，正規分布を仮定した線形モデルでは

$$\text{AIC} = n \times \ln(S_e/n) + 2 \times (p+1) \tag{6.75}$$

を用いてもよい．R では (6.75) 式が採用されている．ただし，n は個体数，S_e は (6.63) 式の残差平方和，p は説明変数の数であり，$(p+1)$ はモデルの未知パラメータ数である．

例題 6.9 チェーン店 15 店舗の売上と，店の特徴を示す 6 つの変数，通行人数，最寄り駅からの時間，店舗面積，駐車台数，従業員数，品数のデータ[注 6.6]について，目的変数を店舗の売上として，他の変数で店舗の売上を予測する回帰式を推定せよ．

[注 6.6] http://mo161.soci.ous.ac.jp/@d/DoDStat/store/store_dataJ.xml より引用できる．

表 6.5 15 店舗の売上と店の特徴を示す 6 つの変数

店舗 No.	通行人数	時間	店舗面積	駐車台数	従業員数	品数	売上
1	716	25	44	16	7	125	78
2	2208	30	25	8	3	132	34
3	1880	3	68	18	10	110	145
4	1416	20	30	10	5	70	51
5	904	10	67	32	10	82	98
6	1850	3	66	10	10	82	115
7	1039	15	52	15	7	82	75
8	2394	1	113	50	20	125	258
9	711	12	30	12	7	102	70
10	738	10	39	10	7	70	65
11	1322	11	60	23	8	72	82
12	793	18	34	10	3	97	32
13	1733	3	96	40	10	145	190
14	1569	4	55	28	10	92	168
15	1770	6	80	32	8	80	195

R の library(MASS) の中の関数 stepAIC() を用いて変数選択を行い，解析を進める．まず，説明変数をすべて含むモデル (Model.1) の重回帰分析は，

```
# 例題6.9
>library(MASS)
>通行人数<-c(716,2208,1880,1416,904,1850,1039,2394,711,738,1322,793,1733,
1569,1770)
>時間 <-c(25,30,3,20,10,3,15,1,12,10,11,18,3,4,6)
>店舗面積<-c(44,25,68,30,67,66,52,113,30,39,60,34,96,55,80)
>駐車台数<-c(16,8,18,10,32,10,15,50,12,10,23,10,40,28,32)
>従業員数<-c(7,3,10,5,10,10,7,20,7,7,8,3,10,10,8)
>品数<-c(125,132,110,70,82,82,82,125,102,70,72,97,145,92,80)
>売上<-c(78,34,145,51,98,115,75,258,70,65,82,32,190,168,195)
>rei6.9<-data.frame(通行人数,時間,店舗面積,駐車台数,従業員数,品数,売上)
>Model.1<-lm(売上~通行人数+時間+店舗面積+駐車台数+従業員数+品数,data=rei6.9)
#   すべての説明変数を用いたフルモデル
>summary(Model.1)
>extractAIC(Model.1) # AICの算出
```

とすると，

```
lm(formula = 売上 ~ 通行人数 + 時間 + 店舗面積 + 駐車台数 + 従業員数 +
    品数, data = rei6.9)
Residuals:
    Min      1Q   Median      3Q      Max
-29.032  -11.190   0.111    3.081   38.795
Coefficients:
            Estimate Std. Error t value Pr(>|t|)
              : 偏回帰係数の推定値,その標準誤差,t値,p値
(Intercept) 17.87515   39.47384   0.453   0.6627
通行人数      0.02375    0.01455   1.632   0.1413
時間         -2.72584    1.39556  -1.953   0.0866 .
店舗面積      0.10797    0.83667   0.129   0.9005
駐車台数      2.23888    1.23919   1.807   0.1084
従業員数      1.60522    3.30274   0.486   0.6400
品数          0.24413    0.32616   0.749   0.4756
---
Signif. codes:  0 '***' 0.001 '**' 0.01 '*' 0.05 '.' 0.1 ' ' 1
Residual standard error: 23.89 on 8 degrees of freedom : 残差の標準誤差
Multiple R-squared: 0.9267, Adjusted R-squared: 0.8717 : 寄与率,自由度調
整済寄与率
F-statistic: 16.85 on 6 and 8 DF,  p-value: 0.0003844         : F_0値,p値
> extractAIC(Model.1) # AICの算出
[1]  7.00000 99.77926            :n-p,AIC
```

となる．Model.1 の F 値は 16.85 であり，モデルは高度に有意であるが，偏回帰係数の検定結果では，いずれの p 値も 5% 以上であり有意とはいえない．なお，残差の標準誤差は 23.89，自由度調整済寄与率は 0.8717，AIC は 99.78 である．

続いて，説明変数の最適選択を行う．関数 stepAIC() には，変数を選択する方法として変数増加法 (forward selection method)，変数減少法 (backward selection method)，変数減増法 (stepwise backward selection method) がある．

[変数増加法]

手順1　1つのみの説明変数を用いたとき，AIC の値が最小の説明変数を取り込む．

手順2　手順1で採用した説明変数にもう1つ加えたとき，AIC が最も小さくなる説明変数を取り込む．取り込む変数がなければここで停止する．以下，手順1，2 を繰り返す．

［変数減少法］

手順1　すべての説明変数を取り込む．

手順2　手順1の説明変数のうち，1つ除去したとき AIC が最小の説明変数を追い出す．取り込む変数がなければここで停止する．以下，手順1，2 を繰り返す．

［変数減増法］

手順1　すべての説明変数を取り込む．

手順2　手順1で採用した説明変数の中で1つ除去したとき，AIC が最も小さくなる説明変数を追い出す．それを $x_{(1)}$ とする．追い出す変数がなければここで停止する．

手順3　手順2で1つの説明変数が追い出されたとき，さらに説明変数にもう1つ除去すると AIC が最も小さくなる説明変数を追い出す．それを $x_{(2)}$ とする．追い出す変数がなければここで停止する．

手順4　手順3で $\{x_{(1)}, x_{(2)}\}$ が追い出されたとき，さらに説明変数にもう1つ除去すると AIC が最も小さくなる説明変数を追い出す．それを $x_{(3)}$ とする．

手順5　手順3で $\{x_{(1)}, x_{(2)}, x_{(3)}\}$ が追い出されたとき，説明変数 $x_{(1)}$, $x_{(2)}$, $x_{(3)}$ の中に再度，取り込む変数がないか検討する．この3つの変数のうち1個取り込んだとき AIC が小さくなる変数があればそれを取り込む．なければ $\{x_{(1)}, x_{(2)}, x_{(3)}\}$ をモデルに残す．以下繰り返す．

ここでは，変数減少法を採用する．R プログラムは

```
>(summary(stepAIC(Model.1)))     # 変数減少法(デフォルト)
```

と続けて入力する．R では，変数減少法がデフォルトになっている．その結果

```
Start:    AIC=99.78         : ステップ1
売上~通行人数+時間+店舗面積+駐車台数+従業員数+品数： すべての変数を入れた初期モ
```

デル
```
           Df Sum of Sq    RSS    AIC
              : 店舗面積を除去したの自由度,初期とのS_eの差,S_e,AIC
- 店舗面積   1      9.51 4576.8  97.810
- 従業員数   1    134.86 4702.1  98.216
- 品数       1    319.86 4887.1  98.795
<none>                   4567.3  99.779 : すべての変数を入れたモデルのS_e,AIC
- 通行人数   1   1520.94 6088.2 102.091
- 駐車台数   1   1863.58 6430.8 102.912
- 時間       1   2178.07 6745.3 103.628
Step:  AIC=97.81         : ステップ2
```

途中結果(略)

```
Step:  AIC=95.49          : ステップ4
売上 ~ 通行人数 + 時間 + 駐車台数
           Df Sum of Sq    RSS    AIC
<none>                   5119.1  95.49
- 通行人数   1   3185.3  8304.4 100.75
- 時間       1   5071.7 10190.8 103.82
- 駐車台数   1  10685.4 15804.5 110.40
Call:
lm(formula = 売上 ~ 通行人数 + 時間 + 駐車台数, data = rei6.9) : 最終モデル
Residuals:
    Min     1Q  Median     3Q    Max
-33.178 -9.387   1.717  6.813 39.635
Coefficients:
             : 偏回帰係数の推定値,その標準誤差,t値,p値
            Estimate Std. Error t value Pr(>|t|)
(Intercept) 40.43205   23.80277   1.699 0.117461
通行人数      0.02961    0.01132   2.616 0.023990 *
時間         -2.76282    0.83691  -3.301 0.007063 **
駐車台数      2.86276    0.59743   4.792 0.000561 ***
---
Signif. codes:  0 '***' 0.001 '**' 0.01 '*' 0.05 '.' 0.1 ' ' 1

Residual standard error: 21.57 on 11 degrees of freedom : 残差の標準誤差
Multiple R-squared: 0.9178, Adjusted R-squared: 0.8954   :寄与率,調整済寄
```

```
与率
F-statistic: 40.95 on 3 and 11 DF,  p-value: 2.927e-06      : F_0値, p値
```

が得られる．出力結果の中の Df Sum of Sq RSS AIC の値について説明する．第1列目は除去する変数名である．Df, RSS および AIC の列は，その変数の自由度，除去したモデルの S_e ((6.63) 式) と AIC 値で，<none>の行は，すべての変数を入れた初期モデルを表す．例えば，ステップ1の店舗面積を除去した行は，$S_e = 4576.8$，AIC $= 97.810$ となる．すべての変数を入れた初期モデルについては，<none>の行から $S_e = 4567.3$，AIC $= 99.779$ となる．この AIC は，(6.75) 式を用い

$$99.78 = 15 \times \ln(4567.3/15) + 2 \times (3+1)$$

から求められる．Sum of Sq の列は，その変数を除去したモデルと初期モデルとの S_e の差で，'店舗面積' の行の 9.51 は $9.51 = 4576.8 - 4567.3$ から算出される．AIC の列をみると <none> の行より上にある行の変数を除去すると AIC が小さくなることを意味する．ステップ1では，'店舗面積' の AIC が最小のため，それを除去してステップ2へ進む．

stepAIC() が返した最終結果ステップ4では，説明変数として '通行人数'，'最寄り駅からの時間'，'駐車台数' の3つを含むモデルである．F 値は 40.95 であり，高度に有意となり，各変数の偏回帰係数の検定においても，いずれも有意となっている．残差の標準誤差は 21.57，自由度調整済寄与率は 0.8954，AIC は 95.49 である．

なお，変数減増法の場合は

```
>(summary(stepAIC(Model.1,direction="both"))) # 変数減増法
```

のように，stepAIC() の引数に direction="both" を加える．このデータの場合，変数減増法を用いても同じ結果が得られた．

次に，すべての説明変数を用いた Model.1 と説明変数の最適選択の結果得られた Model.2 について，回帰診断図の比較を行うには

```
>Model.2<-lm(sales~numpass+minutes+parkcar,data= rei6.9)
># stepAIC (変数減少法) により得られた最適モデル
>par(mfrow=c(2,4))
>plot(Model.1);plot(Model.2)
```

を続けて入力すると図 6.9 が得られる．上段が Model.1，下段が Model.2 の図である．NormalQ-Q を見ると，Model.2 の誤差の正規性は Model.1 と比べて確保されている．また，当てはまりの悪い店舗は，Model.2 では店舗 1 であるが，Model.1 では，店舗 1 に加えて店舗 15 が目立つ．

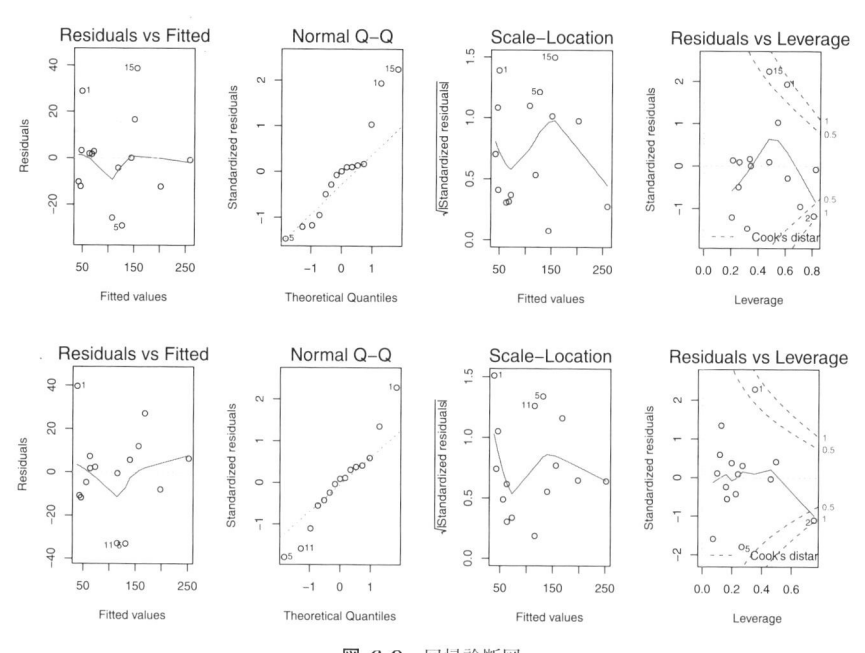

図 6.9 回帰診断図

以上の結果から Model.2 は，フルモデルの Model.1 と比較してモデルの変数の数は少ないが，当てはまりは悪くないことがわかる．'売上' を予測に用いる重回帰式としては，フルモデルの Model.1 より，説明変数が 3 つ '通行人数'，'最寄り駅からの時間'，'駐車台数' の Model.2 を用いたほうがよいと思われる．ここでは，主に AIC を基準とした関数 stepAIC() による変数選

択について述べたが，予測式を最終的に決めるには，さまざまな側面からの数理的な検討に加え，固有技術からの判断も必要である．詳細な検討方法については他書を参照されたい．

第7章

計数値に関する推測

本章では，計数値の解析法について解説する．例えば，

1) 工場で製造された製品の良品，不良品による分類
2) 匂い，色，キズの出具合などによる製品の分類
3) 官能評価，生物学，医学，心理学などでの順序をもつ分類

などのように，得られるデータが計数値のことがある．これらは，母集団に離散型確率分布を想定して解析される．

7.1 母不良率の検定と推定

(1) 1つの母不良率の検定と推定

ある母集団の母不良率 π が特定の値 π_0 に等しいかどうかを検定する．2.4 節で述べたように，確率変数 x が二項分布 $B(n,\pi)$ に従うとき，$n\pi \geq 5$ かつ $n(1-\pi) \geq 5$ なら

$$u = \frac{x/n - \pi}{\sqrt{\pi(1-\pi)/n}} \sim N(0, 1^2) \tag{7.1}$$

となり，正規近似ができた．π に関する

　　　　帰無仮説 $H_0 : \pi = \pi_0$

を検定する．帰無仮説のもとで，

$$u_0 = \frac{x/n - \pi_0}{\sqrt{\pi_0(1-\pi_0)/n}} \sim N(0, 1^2) \tag{7.2}$$

は標準正規分布に従う．よって，次のような検定を行う．

<u>手順1</u>　帰無仮説 $H_0 : \pi = \pi_0$
　　　　対立仮説 $H_1 : \pi \neq \pi_0$ ($\pi < \pi_0$ または $\pi > \pi_0$)
を設定する．

<u>手順2</u>　有意水準 α を決める（通常は，0.05 か 0.01）．

<u>手順3</u>　対立仮説によって，棄却域を定める．

対立仮説	棄却域
$H_1 : \pi \neq \pi_0$	$\lvert u_0 \rvert \geq u(\alpha/2)$
$H_1 : \pi < \pi_0$	$u_0 \leq -u(\alpha)$
$H_1 : \pi > \pi_0$	$u_0 \geq u(\alpha)$

<u>手順4</u>　n 個中不良品の個数が x のとき，

$$u_0 = \frac{x/n - \pi_0}{\sqrt{\pi_0(1-\pi_0)/n}} \tag{7.3}$$

を計算する．

<u>手順5</u>　u_0 が手順3の棄却域に入れば，帰無仮説 H_0 を棄却する．

例題 7.1　従来の製造法では，不良率が 0.2 であった．このたび，製造法を改良した．その方法で，製品を 50 個作ると，不良品が何個以下であれば改良されたといえるか．

【解答】　$\pi_0 = 0.2$, $n = 50$ であり，$n\pi_0 = 10 > 5$ かつ $n(1-\pi_0) = 40 > 5$ となるので，帰無仮説 $H_0 : \pi_0 = 0.2$ のもとで不良率は，近似的に正規分布に従う．よって，(7.3) 式の検定統計量 u_0 を計算し，$u_0 \leq -u(0.05) = -1.6449$ となる不良個数を求めればよい．

$$u_0 = \frac{x/n - \pi_0}{\sqrt{\pi_0(1-\pi_0)/n}} = \frac{x/50 - 0.2}{\sqrt{0.2(1-0.2)/50}} \leq -1.6449$$

より，$x \leq 5.35$ となり，5個以下である．

R プログラムでは，(7.3) 式を展開し x を求め，この x 以下の整数をとる．

```
# 例題7.1   (不良個数)
>(x<-(qnorm(0.05)*sqrt(0.2*(1-0.2)/50)+0.2)*50)# 計算式：x以下の整数
```

を採用すると 5.348 を得る．

$n\pi < 5$ または $n(1-\pi) < 5$ のとき，正規近似はよくない．その場合には，次のような二項分布の直接計算を行う．例題 7.1 において，改良された製造法で製品を 20 個製造した場合 ($n\pi_0 = 4 < 5$) について考えてみよう．n 個中 x 個が不良である確率は，(2.28) 式で表される．この式を用い，$x = 0, 1, \ldots$ について，確率を計算し，それらを累積した確率が有意水準 α を越えない個数を求めると

$$\Pr\{x=0\} = p_0 = \frac{20!}{20!} \times 0.2^0 (1-0.2)^{20} = 0.01153,$$

$$p_1 = \frac{20!}{19!} \times 0.2^1 (1-0.2)^{19} = 0.05765$$

となり，$x = 1$ 個のときの累積確率は $p_0 + p_1 = 0.06918$ となる．ゆえに，0.05 以下となる不良個数は 0 個である．ところが，これを正規近似法で求めると，$x \le 1.06$ となり，1 個となる．

R プログラム

```
>pbinom(0,20,0.2) # x=0
>pbinom(1,20,0.2) # x=1
```

を採用すると

```
> pbinom(0,20,0.2)
[1] 0.01152922  # x=0
> pbinom(1,20,0.2)
[1] 0.06917529  # x=1
```

となる．

次に，二項分布の正規近似法により，母不良率 π の信頼区間を求めよう．$\hat{\pi} = x/n$ より，二項分布の正規近似

$$\hat{\pi} \sim N(\pi, \pi(1-\pi)/n)$$

を用いると

$$\Pr\left\{-u(\alpha/2) \leq \frac{\hat{\pi} - \pi}{\sqrt{\pi(1-\pi)/n}} \leq u(\alpha/2)\right\} = 1 - \alpha$$

となる．n が十分大きいときには分母の $\sqrt{\pi(1-\pi)/n}$ を $\sqrt{\hat{\pi}(1-\hat{\pi})/n}$ で置き換えると

$$\Pr\left\{\hat{\pi} - u(\alpha/2)\sqrt{\frac{\hat{\pi}(1-\hat{\pi})}{n}} \leq \pi \leq \hat{\pi} + u(\alpha/2)\sqrt{\frac{\hat{\pi}(1-\hat{\pi})}{n}}\right\} = 1 - \alpha \quad (7.4)$$

が求まる．よって，π の

$$100(1-\alpha)\%信頼区間：\left[\hat{\pi} - u(\alpha/2)\sqrt{\frac{\hat{\pi}(1-\hat{\pi})}{n}},\ \hat{\pi} + u(\alpha/2)\sqrt{\frac{\hat{\pi}(1-\hat{\pi})}{n}}\right] \quad (7.5)$$

を得る．

例題 7.2 例題 7.1 で，母不良率が 0.15 のとき，母不良率の 95%信頼区間を求めよ．

【解答】 (7.5) 式より

$$\left[0.15 - 1.9600\sqrt{\frac{0.15(1-0.15)}{50}}, 0.15 + 1.9600\sqrt{\frac{0.15(1-0.15)}{50}}\right]$$
$$= [0.051, 0.249]$$

を得る．

R プログラムでは

```
# 例題7.2    (母不良率の推定)
>Q<-qnorm(0.975)*sqrt(0.15*(1-0.15)/50)
>(CI<-c(0.15-Q,0.15+Q))  # 95%信頼区間(下限,上限)
```

とすれば，下限 0.0510，上限 0.2490 が得られる．

(2) 2つの母不良率の差の検定と推定

2つの母不良率 π_1, π_2 が等しいかどうかを検定する．それぞれの母集団から大きさ n_1, n_2 のデータをとったとき，その中に含まれる不良品の個数を

x_1, x_2 とする．このとき

$$x_1 \sim B(n_1, \pi_1), \quad x_2 \sim B(n_2, \pi_2)$$

である．ここでも，二項分布の正規近似を適用し，

$$\text{帰無仮説 } H_0 : \pi_1 = \pi_2$$

を検定しよう．標本不良率の差 $x_1/n_1 - x_2/n_2$ の期待値と分散を計算すると

$$\left.\begin{aligned}
E\left[\frac{x_1}{n_1} - \frac{x_2}{n_2}\right] &= E\left[\frac{x_1}{n_1}\right] - E\left[\frac{x_2}{n_2}\right] \\
Var\left[\frac{x_1}{n_1} - \frac{x_2}{n_2}\right] &= Var\left[\frac{x_1}{n_1}\right] + Var\left[\frac{x_2}{n_2}\right] = \frac{\pi_1(1-\pi_1)}{n_1} + \frac{\pi_2(1-\pi_2)}{n_2}
\end{aligned}\right\} \quad (7.6)$$

となる．よって，帰無仮説 $H_0 : \pi_1 = \pi_2 \equiv \pi$ のもとで

$$\left.\begin{aligned}
E\left[\frac{x_1}{n_1} - \frac{x_2}{n_2}\right] &= 0 \\
Var\left[\frac{x_1}{n_1} - \frac{x_2}{n_2}\right] &= Var\left[\frac{x_1}{n_1}\right] + Var\left[\frac{x_2}{n_2}\right] = \left(\frac{1}{n_1} + \frac{1}{n_2}\right)\pi(1-\pi)
\end{aligned}\right\} \quad (7.7)$$

を得，

$$u_0 = \frac{x_1/n_1 - x_2/n_2}{\sqrt{\left(\dfrac{1}{n_1} + \dfrac{1}{n_2}\right)\hat{\pi}(1-\hat{\pi})}} \sim N(0, 1^2) \quad (7.8)$$

が成り立つ．ただし，$\hat{\pi} = (x_1 + x_2)/(n_1 + n_2)$ とする．よって，次のような検定を行う．

手順1 　帰無仮説 $H_0 : \pi_1 = \pi_2 \equiv \pi$
　　　　対立仮説 $H_1 : \pi_1 \neq \pi_2$（$\pi_1 < \pi_2$ または $\pi_1 > \pi_2$）
を設定する．

手順2 　有意水準 α を決める（通常は，0.05 か 0.01）．

手順3 　対立仮説によって，棄却域を定める．

対立仮説	棄却域
$H_1 : \pi_1 \neq \pi_2$	$|u_0| \geq u(\alpha/2)$
$H_1 : \pi_1 < \pi_2$	$u_0 \leq -u(\alpha)$
$H_1 : \pi_1 > \pi_2$	$u_0 \geq u(\alpha)$

手順4　n 個中の不良品の個数が x のとき，

$$u_0 = \frac{x_1/n_1 - x_2/n_2}{\sqrt{\left(\dfrac{1}{n_1} + \dfrac{1}{n_2}\right)\hat{\pi}(1-\hat{\pi})}} \tag{7.9}$$

を計算する．

手順5　u_0 が手順3の棄却域に入れば，帰無仮説 H_0 を棄却する．

例題 7.3　2つの製法 A, B を用いて，それぞれ1000個試作し，外観の不良個数を調べたところ，表7.1のデータを得た．2つの製法によって不良率に差があるといえるか．有意水準 $\alpha = 0.05$ で検定せよ．

表 7.1　外観の不良個数

製法	良品数	不良品数	計
A	974	26	1000
B	942	58	1000

【解答】　正規近似法を用いて検定する．

　　　帰無仮説：$H_0 : \pi_1 = \pi_2$
　　　対立仮説：$H_1 : \pi_1 \neq \pi_2$

を設定する．棄却域は

$$|u_0| \geq u(0.05/2) = 1.9600$$

となる．$x_1 = 26$, $x_2 = 58$, $n_1 = 1000$, $n_2 = 1000$ とし，(7.8) 式より

$$u_0 = \frac{26/1000 - 58/1000}{\sqrt{\left(\frac{1}{1000} + \frac{1}{1000}\right)\left(\frac{84}{2000}\right)\left(1 - \frac{84}{2000}\right)}} = -3.567$$

を得る．よって，$|u_0| > 1.9600$ となり，製法 A, B に差があるといえる．

次に，2つの母不良率の差の信頼区間を導く．(7.9) 式より

$$\Pr\left\{-u(\alpha/2) \leq \frac{\hat{\pi}_1 - \hat{\pi}_2 - (\pi_1 - \pi_2)}{\sqrt{\frac{\pi_1(1-\pi_1)}{n_1} + \frac{\pi_2(1-\pi_2)}{n_2}}} \leq u(\alpha/2)\right\} = 1 - \alpha$$

となり，(7.4) 式と同様に分母の π_1, π_2 にそれぞれ $\hat{\pi}_1, \hat{\pi}_2$ を代入すると

$$\Pr\left\{\hat{\pi}_1 - \hat{\pi}_2 - u(\alpha/2)\sqrt{\frac{\hat{\pi}_1(1-\hat{\pi}_1)}{n_1} + \frac{\hat{\pi}_2(1-\hat{\pi}_2)}{n_2}} \leq \pi_1 - \pi_2 \right.$$
$$\left. \leq \hat{\pi}_1 - \hat{\pi}_2 + u(\alpha/2)\sqrt{\frac{\hat{\pi}_1(1-\hat{\pi}_1)}{n_1} + \frac{\hat{\pi}_2(1-\hat{\pi}_2)}{n_2}}\right\} = 1 - \alpha \quad (7.10)$$

を得る．

よって，$100(1-\alpha)\%$ 信頼区間：

$$\left[\hat{\pi}_1 - \hat{\pi}_2 - u(\alpha/2)\sqrt{\frac{\hat{\pi}_1(1-\hat{\pi}_1)}{n_1} + \frac{\hat{\pi}_2(1-\hat{\pi}_2)}{n_2}},\right.$$
$$\left.\hat{\pi}_1 - \hat{\pi}_2 + u(\alpha/2)\sqrt{\frac{\hat{\pi}_1(1-\hat{\pi}_1)}{n_1} + \frac{\hat{\pi}_2(1-\hat{\pi}_2)}{n_2}}\right] \quad (7.11)$$

となる．

例題 7.3 では，(7.11) 式より

$$\frac{26}{1000} - \frac{58}{1000} \pm u(0.025)\sqrt{\frac{0.026 \times 0.974}{1000} + \frac{0.058 \times 0.942}{1000}}$$
$$= -0.032 \pm 1.960 \times 0.00894 = [-0.0496, -0.0144]$$

となる．

R プログラム

```
# 例題7.3　（不良率の違いの検定）
>x1<-c(26,58)
>x2<-c(1000,1000)
>prop.test(x1,x2,correct=F) # 不良率の違いの検定
```

を採用する．対立仮説が $H_1 : \pi_1 < \pi_2$ なら，引数に alternative="less" を加える．$H_1 : \pi_1 > \pi_2$ なら，引数に alternative="greater" を加える．デフォルトでは，両側検定になっている．yates の連続補正を施す場合は correct=T とする．その結果

```
2-sample test for equality of proportions without continuity  correction
data:  x1 out of x2
X-squared = 12.7249, df = 1, p-value = 0.0003608   : $\chi^2$値, 自由度, $p$値
alternative hypothesis: two.sided
95 percent confidence interval:
 -0.04952607 -0.01447393 :   95%信頼区間
sample estimates:             : 標本不良率
prop 1 prop 2
 0.026  0.058
```

を得る．Rでは，$\chi^2(1-\alpha) = u(\alpha)$ の関係から $\chi^2 = 12.7249$ が算出される．$|u_0|$ 値は $|u_0| = \sqrt{12.7249} = 3.567$ となる．95% 信頼区間は $[-0.0495, -0.01447]$ と出力される．

7.2 適合度検定

属性 A が互いに排反な k 個の $A_1, A_2, \ldots, A_k$ に分類され，A_i が出現する確率を $\pi_i (\sum_{i=1}^{k} \pi_i = 1)$ とする．$A_1, A_2, \ldots, A_k$ の特定の出現確率を $\pi_{10}, \pi_{20}, \ldots, \pi_{k0}$ とするとき

　　　帰無仮説 $H_0 : \pi_i = \pi_{i0}, \ i = 1, 2, \ldots, k$
　　　対立仮説 $H_0 : \pi_i \neq \pi_{i0}$

を検定しよう．

n 個の個体のうち，それらが A_i に入った個数を $x_i \left(\sum_{i=1}^{n} x_i = n \right)$ とする．帰無仮説 H_0 のもとで，$n\pi_{i0}$ を A_i の**出現期待度数**という．無作為標本を $x_1, x_2, \ldots, x_k$ とすると表 7.2 のように書ける．

表 7.2 （出現）期待度数と実現度数

クラス	A_1	A_2	.	.	.	A_k	計
H_0 のもとでの出現期待度数	$n\pi_{10}$	$n\pi_{20}$	.	.	.	$n\pi_{k0}$	n
実現度数	x_1	x_2	.	.	.	x_k	n

このように観測されたデータの属性の分布が，特定の分布に従うかどうかを調べる．$x_1, x_2, \ldots, x_k$ が得られる確率は，(2.42) 式の多項分布

$$\Pr\{x_1, x_2, \ldots, x_k\} = \frac{n!}{x_1! x_2! \cdots x_k!} \pi_1^{x_1} \pi_2^{x_2} \cdots \pi_k^{x_k} \tag{7.12}$$

に従う．

【定理 7.1】 互いに排反な k 個の $A_1, A_2, \ldots, A_k$ の出現確率を $\pi_{10}, \pi_{20}, \ldots, \pi_{k0}$ とする．n 個の個体のうち，A_i に入る個体数を $x_i \left(\sum_{i=1}^{n} x_i = n \right)$ とすれば，$n \to \infty$ のとき

$$\chi_0^2 = \sum_{i=1}^{k} \frac{(x_i - n\pi_{i0})^2}{n\pi_{i0}} \tag{7.13}$$

は，自由度 $k-1$ のカイ 2 乗分布に従う．

例題 7.4 あるサイコロを 120 回振って，出る目を調べたところ，次のような結果を得た．このサイコロは公平であるといえるか．

表 7.3 サイコロの出る目

サイコロの目	1	2	3	4	5	6	計
実現度数	25	17	21	23	15	19	120

【解答】 サイコロが公平なら，いずれの目の出る確率も $\pi_i = 1/6$ である．よって，

　　　帰無仮説 $H_0 : \pi_i = 1/6, i = 1, 2, \ldots, 6$
　　　対立仮説 $H_0 : \pi_i \neq 1/6$

とする．120 回振ったので，出る目の期待度数は $120 \times 1/6 = 20$ である．よって，(7.13) 式を計算すると

$$\chi_0^2 = \frac{(25-20)^2}{20} + \frac{(17-20)^2}{20} + \frac{(21-20)^2}{20} + \frac{(23-20)^2}{20}$$
$$+ \frac{(15-20)^2}{20} + \frac{(19-20)^2}{20} = \frac{70}{20} = 3.5$$

を得，自由度 $k - 1 = 5$ となる．

$$\chi^2 < \chi^2(5, 0.05) = 11.070$$

より，帰無仮説を棄却できない．

Rプログラム

```
# 例題7.4（適合度検定）
>x<-c(25,17,21,23,15,19)
>chisq.test(x)                # 適合度検定
```

を採用すると

```
data: x
X-squared = 3.5, df = 5, p-value = 0.6234   : χ²値,自由度,p値
```

を得る．

7.3 分割表の解析

(1) カイ2乗検定（分割表による独立性の検定）

前節では，n 個の個体が，1つの属性 A によって k 個の $A_1, A_2, \ldots, A_k$ に分類された．A_i に入る個体数 x_i が，多項分布 (2.42) 式に従うと仮定した．ここでは，2つの属性 A, B によって分類される**2元分割表**（表 7.4）を取り上げる．

表 **7.4** 2元分割表のデータ形式

	B_1	·	B_j	·	B_J	計
A_1	x_{11}		x_{1j}		x_{1J}	$x_{1.}$
.						
A_i	x_{i1}		x_{ij}		x_{iJ}	$x_{i.}$
.						
A_I	x_{I1}		x_{Ij}		x_{IJ}	$x_{I.}$
計	$x_{.1}$		$x_{.j}$		$x_{.J}$	n

n 個の個体を属性 A, B によってそれぞれ I, J 個のクラス（**カテゴリー**という）に分類するとき，A の i 番目，B の j 番目におけるマス目を**セル**という．(i,j) セルの度数を x_{ij} で示すと，$n = \sum_{i=1}^{I} \sum_{j=1}^{J} x_{ij}$ となる．特性が不良率の場合，$P_{ij} = x_{ij}/n$ を**標本不良率**といい，P_{ij} の期待値を $E[P_{ij}] = \pi_{ij}$（すなわち，$E[x_{ij}] = n\pi_{ij}$）と記す．このとき，x_{ij} は多項分布

$$\Pr\{x_{11},\ldots,x_{IJ}\} = \prod_{i=1}^{I}\prod_{j=1}^{J}\frac{n!}{x_{ij}!}\pi_{ij}^{x_{ij}} \tag{7.14}$$

に従う．

属性 A と B が独立であれば，B_j が生起したとき，A_i の条件付き確率は，B のカテゴリーには関係しないから

$$\Pr\{A_i \mid B_j\} = \Pr\{A_i\}$$

である．同様に

$$\Pr\{B_j \mid A_i\} = \Pr\{B_j\}$$

となる．ゆえに，

$$\Pr\{A \cap B\} = \Pr\{A\}\Pr\{B\}$$

であるから，A と B の同時確率は，A, B それぞれの周辺確率の積に等しい．すなわち，

$$\pi_{ij} = \pi_{i\cdot}\pi_{\cdot j} \tag{7.15}$$

と書ける．ここに，$\pi_{i\cdot} = \sum_{j=1}^{J}\pi_{ij}$, $\pi_{\cdot j} = \sum_{i=1}^{I}\pi_{ij}$ とする．

いま，表7.4の2元分割表について，

$$\text{帰無仮説 } H_0 : \pi_{ij} = \pi_{i\cdot}\pi_{\cdot j}$$

を検定しよう．この帰無仮説のもとで x_{ij} の期待度数 E_{ij} を推定する．$\pi_{i\cdot}$ および $\pi_{\cdot j}$ の MLE は

$$\hat{\pi}_{i\cdot} = x_{i\cdot}/n, \hat{\pi}_{\cdot j} = x_{\cdot j}/n \tag{7.16}$$

で与えられる．よって，

$$\hat{\pi}_{ij} = \hat{\pi}_{i\cdot}\hat{\pi}_{\cdot j} = \frac{x_{i\cdot}}{n}\frac{x_{\cdot j}}{n}$$

より，期待度数の MLE は

$$\hat{E}_{ij} = n\hat{\pi}_{ij} = \frac{x_{i\cdot}x_{\cdot j}}{n} \tag{7.17}$$

となる．

帰無仮説 H_0 のもとで，実現度数 x_{ij} と推定期待度数 $\hat{E}_{ij}$ との差の有無を調べるにはピアソンのカイ2乗統計量

$$X^2 = \sum_{i=1}^{I}\sum_{j=1}^{J} \frac{\left(x_{ij} - \hat{E}_{ij}\right)^2}{\hat{E}_{ij}} \tag{7.18}$$

あるいは，**尤度比カイ 2 乗統計量**

$$Y^2 = 2\sum_{i=1}^{I}\sum_{j=1}^{J} x_{ij} \ln\left(\frac{x_{ij}}{\hat{E}_{ij}}\right) \tag{7.19}$$

が，カイ 2 乗分布に従うことを利用する．

このカイ 2 乗統計量の自由度を計算しよう．表 7.4 の分割表において，行については，制約式

$$\sum_{j=1}^{J} x_{ij} = x_{i\cdot},\ i = 1, 2, \ldots, I$$

が I 個ある．列については，制約式

$$\sum_{i=1}^{I} x_{ij} = x_{\cdot j},\ j = 1, 2, \ldots, J$$

が J 個ある．そして，制約式

$$\sum_{i=1}^{I}\sum_{j=1}^{J} x_{ij} = n$$

を加えた，合計 $I + J + 1$ 個の制約式があるから，自由度 ϕ は

$$\phi = IJ - (I + J + 1) = (I-1)(J-1) \tag{7.20}$$

となる．

例題 7.5 次のデータは，製法 $A_1 \sim A_4$ によって製造された製品からそれぞれ 100 個ずつサンプリングし，品質（優，良，可）によって分類した結果である．製法に差があるかを検討しよう．

表 7.5 製法によって品質を分類した 2 元分割表

製法	優	良	可	計
A_1	48	42	10	100
A_2	54	39	7	100
A_3	57	37	6	100
A_4	38	53	9	100
計	197	171	32	400

【解答】 次の手順をふむ.

手順 1　仮説の設定

帰無仮説 H_0：製法と品質とは独立

手順 2　期待度数と検定統計量の計算

例えば，(1,1) セルの期待度数 E_{11} は

$$\hat{E}_{11} = \frac{x_{1\cdot}x_{\cdot 1}}{n} = \frac{100 \times 197}{400} = 49.25$$

と推定される．他の推定期待度数も同様にして計算する．検定統計量の値は，(7.18) 式から，

$$\chi_0^2 = \frac{(48-49.25)^2}{49.25} + \cdots + \frac{(9-8)^2}{8} = 9.102, \ \phi = 6$$

となる.

手順 3　検定

$$\chi_0^2 = 9.102 < \chi^2(6; 0.05) = 12.59$$

であるから，帰無仮説を棄却できない．すなわち，製法によって品質に差があるとはいえない．なお，この例題のデータは，B の分類に順序があるので，順序を考慮した解析を行うことができる.

R プログラム

```
# 例題7.5　（分割表の検定：χ²乗検定とKruskal-Wallis検定）
>優<-c(48,54,57,38)
>良<-c(42,39,37,53)
>可<-c(10,7,6,9)
>x<-data.frame(優,良,可)
>chisq.test(x)      # χ²乗検定
```

を採用する．ncol=3 は分割表の列数を示す．

```
Pearson's Chi-squared test
data:  x
X-squared = 9.1023, df = 6, p-value = 0.1679   : ピアソンのカイ2乗統計量，自
由度，$p$値
```

を得，p 値 $= 0.1679$ となる．

(2) Kruskal-Wallis 検定

表 7.5 のデータのように応答に順序がついている分割表の場合，次のような Kruskal-Wallis 検定が有効である．

手順 1

帰無仮説 $H_0 : (\pi_{11}, \pi_{12}, \ldots, \pi_{1r}) = (\pi_{21}, \pi_{22}, \ldots, \pi_{2r}) = \cdots = (\pi_{s1}, \pi_{s2}, \ldots, \pi_{sr})$

を

対立仮説 $H_1 : H_0$ ではない，すなわち少なくとも 2 群について

$$\frac{\pi_{i1}}{\pi_{i'1}} \geq \frac{\pi_{i2}}{\pi_{i'2}} \geq \cdots \geq \frac{\pi_{ir}}{\pi_{i'r}} (群 A_i の応答は A_{i'} の応答より相対的によい)$$

あるいは

$$\frac{\pi_{i1}}{\pi_{i'1}} \leq \frac{\pi_{i2}}{\pi_{i'2}} \leq \cdots \leq \frac{\pi_{ir}}{\pi_{i'r}} (群 A_{i'} の応答は A_i の応答より相対的によい)$$

に対して検定する．

手順 2　各応答カテゴリー (j) の平均順位

$$\left.\begin{aligned}
R_1 &= (x_{.1} + 1)/2 \\
R_2 &= x_{.1} + (x_{.2} + 1)/2 \\
&\vdots \\
R_J &= x_{.1} + x_{.2} + \cdots + x_{.J-1} + (x_{.J} + 1)/2
\end{aligned}\right\} \tag{7.21}$$

を求め[注 7.1]，次いで各群 (i) ごとの順位和

[注 7.1]　R_1 は 1 位のデータが $x_{.1}$ 個あるので，平均順位は $(1 + 2 + \cdots + x_{.1})/x_{.1} = x_{.1}(x_{.1} + 1)/(2x_{.1}) = (x_{.1} + 1)/2$ となる．

$$\text{第 } i \text{ 群の順位和}: W_i = \sum_{j=1}^{J} x_{ij} R_j, \ i = 1, 2, \ldots, I$$

を算出する．

手順 3 検定統計量

$$\chi_0^2 = \frac{\left\{ \sum_{i=1}^{I} \left(\frac{1}{x_{i\cdot}} W_i^2 \right) - \frac{1}{n} \left(\sum_{j=1}^{J} x_{\cdot j} R_j \right)^2 \right\}}{\left\{ \sum_{j=1}^{J} x_{\cdot j} R_j^2 - \frac{1}{n} \left(\sum_{j=1}^{J} x_{\cdot j} R_j \right)^2 \right\} \bigg/ (n-1)} \tag{7.22}$$

を求める．棄却域は

$$\chi_0^2 \geq \chi(I-1, \alpha)$$

となる．(7.21) 式の順位の計算に応答に関する情報が取り込まれる．すなわち，応答の順序を変えると $R_1, \ldots, R_b$ の値は変わるため χ_0^2 値も変化する．一方，応答の順序に関する情報を取り込まない (7.18) 式の値は不変である．

例題 7.5 のデータについて，平均順位

$$R_1 = \frac{197+1}{2} = 99.0$$
$$R_2 = 197 + \frac{171+1}{2} = 283.0$$
$$R_3 = 197 + 171 + \frac{32+1}{2} = 384.5$$

より，各群の順位和

$$W_1 = 48 \times 99 + 42 \times 283.0 + 10 \times 384.5 = 20483.0,$$
$$W_2 = 19074.5, W_3 = 18421.0, W_4 = 22221.5$$

を得る．

$$\sum x_{\cdot j} R_j^2 = 197 \times 99.0^2 + 171 \times 283.0^2 + 32 \times 384.5^2 = 20356904.0$$
$$\sum x_{\cdot j} R_j = 197 \times 99.0 + 171 \times 283.0 + 32 \times 384.5 = 80200.0$$

$$\sum W_i^2/x_{i\cdot} = (20483.0^2 + 19074.5^2 + 18421.0^2 + 22221.5^2)/100$$
$$= 16165181.43$$

となり，
$$\chi_0^2 = \frac{(16165181.43 - 80200.0^2/400)}{(20356904.0 - 80200.0^2/400)/399} = 7.94$$

を得る．よって
$$\chi_0^2 = 7.94 \geq \chi(3, 0.05) = 7.81$$

より，有意である．すなわち，製法によって品質に差がある．分割表の独立性検定とは結果が異なることに留意されたい．

R プログラム

```
>#Kruskal-Wallis検定
>x<-as.matrix(x)              # data.frameをmatrixに変換(kruskal.testに必要)
>品質<-rep(col(x),x)
>製造<-rep(row(x),x)
>kruskal.test(品質,製造) # Kruskal-Wallis検定
```

を採用すると

```
Kruskal-Wallis rank sum test
data:  品質 and 製造
Kruskal-Wallis chi-squared = 7.9376, df = 3, p-value = 0.04732   : χ²値,自
由度,p値
```

となる．

(3) 対数線形モデル (LLM)

本節では，分割表の解析に有効な対数線形モデルを取り上げる．これは，3次元以上の分割表にも適用できる．分割表のサンプリング方式として，7.3節の多項型以外にポアソン型および積-多項型がある．2次元分割表について述べるが3次元以上でも同様である．

$$\left.\begin{array}{l} x_{i\cdot} = \sum_{j=1}^{J} x_{ij}, \quad x_{\cdot j} = \sum_{i=1}^{I} x_{ij} \\ n = x_{\cdot\cdot} = \sum_{i=1}^{I} \sum_{j=1}^{J} x_{ij} \end{array}\right\} \quad (7.23)$$

と定義する．

[ポアソン型]

一定期間ある現象（例えば，交通事故など）を観測し，属性 A と B とを調査する．全体の個体数は，事前には定まっていない場合，ポアソン分布

$$f(\{x_{ij}\}) = \prod_{i=1}^{I} \prod_{j=1}^{J} \frac{\mu_{ij}^{x_{ij}} e^{-\mu_{ij}}}{x_{ij}!} \quad (7.24)$$

に従う．

[多項型]

全体の個体数 n を固定してサンプリングし，属性 A と B を観測する．ポアソン型において，個体数の総和をあらかじめ指定して，条件付き確率を求めると，多項分布

$$f(\{x_{ij}\}) = \frac{n!}{\prod_{i=1}^{I} \prod_{j=1}^{J} x_{ij}!} \prod_{i=1}^{I} \prod_{j=1}^{J} p_{ij}^{n_{ij}}, \sum_{i=1}^{I} \sum_{j=1}^{J} p_{ij} = 1 \quad (7.25)$$

となる．

[積-多項型]

属性 B のカテゴリーによって層別し，各カテゴリーのサンプルの大きさを決めてサンプリングし，属性 A を観測する．この場合，分割表の1変数の周辺和が固定された積-多項分布

$$f(\{x_{ij}\} \mid \{\mu = n\}) = \prod_{j=1}^{J} \left\{ \frac{n!}{\prod_{i=1}^{I} x_{ij}!} \prod_{i=1}^{I} \left(\frac{\mu_{ij}}{n}\right)^{x_{ij}} \right\} \quad (7.26)$$

に従う．例題 7.5 のデータのサンプリング方式が積-多項型である．(7.24)〜(7.26) 式の対数をとると対数尤度関数になる．ポアソン型について述べるが他のサンプリング方式でも同様である．

① **2次元分割表**

変数 A と B が独立なら，(i, j) セルの期待度数 μ_{ij} について

$$\mu_{ij} = \frac{\mu_{i.}\mu_{.j}}{n} \tag{7.27}$$

となる．この両辺の自然対数をとると

$$\ln \mu_{ij} = \ln \mu_{i.} + \ln \mu_{.j} - \ln n \tag{7.28}$$

を得る．ここで，

$$\left.\begin{aligned} u &= \frac{\sum_{i=1}^{I}\sum_{j=1}^{J} \log_e \mu_{ij}}{IJ} \\ u_i^A &= \frac{\sum_{j=1}^{J} \log_e \mu_{ij}}{J} - u \\ u_i^B &= \frac{\sum_{i=1}^{I} \log_e \mu_{ij}}{I} - u \end{aligned}\right\} \tag{7.29}$$

とおいて書き直すと

$$\ln \mu_{ij} = u + u_i^A + u_j^B \tag{7.30}$$

となる．これを**独立モデル**と呼ぶ．ただし，

$$\sum_{i=1}^{I} u_i^A = \sum_{j=1}^{J} u_j^B = 0 \tag{7.31}$$

を満たす．これは 5.3 節の 2 元配置分散分析と類似しており，u, u_i^A, u_j^B をそれぞれ全平均効果，A_i の主効果，B_j の主効果と呼ぶ．

変数 A と B が独立でなければ交互作用効果 u_{ij}^{AB} を付加した

$$\ln \mu_{ij} = u + u_i^A + u_j^B + u_{ij}^{AB} \tag{7.32}$$

を**飽和モデル**という．ただし

$$\sum_{i=1}^{I} u_i^A = \sum_{j=1}^{J} u_j^B = \sum_{i=1}^{I} u_{ij}^{AB} = \sum_{j=1}^{J} u_{ij}^{AB} = 0 \tag{7.33}$$

を満たす．このモデルの独立（すなわち，自由）な未知パラメータの個数は，$u, u_i^A, u_j^B, u_{ij}^{AB}$ について，それぞれ $1, I-1, J-1, (I-1)(J-1)$ となり，合計するとセルの総個数 IJ と等しくなることから，飽和モデルと呼ばれる．

② **3次元分割表**

行，列および層変数 A, B, C がそれぞれ I, J, K 個のカテゴリーからなり，**3因子交互作用** u_{ijk}^{ABC} をもつ飽和モデル

$$\ln \mu_{ijk} = u + u_i^A + u_j^B + u_k^C + u_{ij}^{AB} + u_{jk}^{BC} + u_{ik}^{AC} + u_{ijk}^{ABC} \tag{7.34}$$

を考える．自由なパラメータ数は IJK である．最尤推定量は $\hat{\mu}_{ijk} = n_{ijk}$ となる．このモデルを $[ABC]$ と略記する．

[3因子交互作用のないモデル]

(7.34) 式の飽和モデルにおいて，3因子交互作用がなければ

$$\ln \mu_{ijk} = u + u_i^A + u_j^B + u_k^C + u_{ij}^{AB} + u_{jk}^{BC} + u_{ik}^{AC} \tag{7.35}$$

となる．このモデルを $[AB, BC, AC]$ と略記する．この最尤推定量を求めよう．サンプリング方式としては，ポアソン型を取り上げる（他の方式についても同様である）．

確率

$$f(\{x_{ijk}\}) = \prod_{i=1}^{I} \prod_{j=1}^{J} \prod_{k=1}^{K} \frac{\mu_{ijk}^{x_{ijk}} e^{-\mu_{ijk}}}{x_{ijk}!} \tag{7.36}$$

の μ_{ijk} に (7.35) 式を代入すると対数尤度関数

$$\begin{aligned}\ln f(\{x_{ijk}\}) = \sum_{i=1}^{I} \sum_{j=1}^{J} \sum_{k=1}^{K} \{&x_{ijk}\left(u + u_i^A + u_j^B + u_k^C + u_{ij}^{AB} + u_{ik}^{AC} + u_{jk}^{BC}\right) \\ -\exp&\left(u + u_i^A + u_j^B + u_k^C + u_{ij}^{AB} + u_{ik}^{AC} + u_{jk}^{BC}\right) - \ln x_{ijk}!\}\end{aligned} \tag{7.37}$$

が得られ，**反復比例当てはめ法**で解く．

[条件付き独立モデル]

(7.35) 式の3因子交互作用のないモデルにおいて，1つの2因子交互作用がなければ（例えば，$u_{ij}^{AC} = 0$）なら，

$$\ln \mu_{ijk} = u + u_i^A + u_j^B + u_k^C + u_{ij}^{AB} + u_{ik}^{BC} \tag{7.38}$$

となる．最尤推定量は，$\widehat{\mu}_{ijk} = x_{ij.}x_{.jk}/x_{.j.}$ で与えられる．自由なパラメータ数は $J(I+K-1)$ である．変数 A と B には直接的には連関がないが，それらは変数 C とは連関しているため**擬似連関**がみられる．このモデルを $[AB, BC]$ と略記する．このタイプの他のモデルとして $[BC, AC]$ と $[AB, AC]$ がある．

[**多重独立モデル**]

条件付き独立モデル (7.38) 式において，$u_{ik}^{BC} = 0$ なら，

$$\widehat{\mu}_{ijk} = \ln \mu_{ijk} = u + u_i^A + u_j^B + u_k^C + u_{ij}^{AB} \tag{7.39}$$

となる．変数 A と B が変数 C と独立となる．最尤推定量は $\widehat{\mu}_{ijk} = x_{ij.}x_{..k}/n$ で与えられる．自由なパラメータ数は $IJ+K-1$ である．このモデルを $[AB]$ と略記する．このタイプの他のモデルとして $[BC]$ と $[AC]$ がある．

[**相互独立モデル**]

(7.39) 式の多重独立モデルにおいて，$u_{ij}^{AB} = 0$ なら

$$\widehat{\mu}_{ijk} = \ln \mu_{ijk} = u + u_i^A + u_j^B + u_k^C \tag{7.40}$$

となる．3変数 A, B, C が互いに独立となる．最尤推定量は $\widehat{\mu}_{ijk} = x_{i..}x_{.j.}x_{..k}/n^2$ で与えられる．自由なパラメータ数は $I+J+K-2$ である．このモデルは $[A, B, C]$ と略記する．

③ **主効果・交互作用効果の有意性検定**

2つの対数線形モデル M と M' に関し，モデル M' に含まれている，ある効果がモデル M に含まれていないとする．例えば，3因子交互作用効果 u_{ijk}^{ABC} の有意性検定を行う場合

モデル $M : \ln \mu_{ijk} = u + u_i^A + u_j^B + u_k^C + u_{ij}^{AB} + u_{jk}^{BC} + u_{ik}^{AC}$

モデル $M' : \ln \mu_{ijk} = u + u_i^A + u_j^B + u_k^C + u_{ij}^{AB} + u_{jk}^{BC} + u_{ik}^{AC} + u_{ijk}^{ABC}$

とする．モデル M' が正しければ，それぞれのモデルに対するカイ2乗統計量の差 $\chi^2(M) - \chi^2(M')$ もカイ2乗分布に従う．自由度は，それぞれのモデルの自由度の差 $df(M) - df(M')$ である．

モデルのよさを測るため AIC

$$\text{AIC} = -2 \times (\text{最大対数自由度}) + 2 \times (\text{モデルの自由なパラメータ数}) \tag{7.41}$$

を採用することもできる.AIC が小さいモデルほどよい.

例題 7.6 表 7.6 は十二指腸潰瘍の手術後にダンピング症候群が現れる要因として,手術法と病院を取り上げたデータである(柳川,1996,5.2 節).

表 7.6 ダンピング症候データ

病院	手術法	ダンピング症候群			計
		無	軽度	重度	
1	O_1	23	7	2	32
	O_2	23	10	5	38
	O_3	20	13	5	38
	O_4	24	10	6	40
2	O_1	18	6	1	25
	O_2	18	6	2	26
	O_3	13	13	2	28
	O_4	9	15	2	26
3	O_1	8	6	3	17
	O_2	12	4	4	20
	O_3	11	6	2	19
	O_4	7	7	4	18
4	O_1	12	9	1	22
	O_2	15	3	2	20
	O_3	14	8	3	25
	O_4	13	6	4	23

R プログラム

```
# 例題7.6  (対数線形モデル)
>library(MASS)   # 対数線形モデルの解析に必要
>病院<-c(rep(1,12),rep(2,12),rep(3,12),rep(4,12))
>手術法<-rep(c("O1","O2","O3","O4"),12)
>ダビング症候群<-rep(c(rep("無",4),rep("軽度",4),rep("重度",4)),4)
>度数<-c(23,23,20,24,7,10,13,10,2,5,5,6,18,18,13,9,6,6,13,15,1,2,2,2,
    8,12,11,7,6,4,6,7,3,4,2,4,12,15,14,13,9,3,8,6,1,2,3,4)
>rei7.6<-data.frame(病院,手術法,ダビング症候群,度数)
>kfit<-loglm(度数~病院+手術法+ダビング症候群,data=rei7.6)# 主効果のみのモデル
>summary(kfit)
>kfit$deviance    # 逸脱度
>kfit$df          # 自由度
>kfit$deviance-2*kfit$df  # AIC2
```

を採用すると交互作用を含まない相互独立モデルに対する

```
Statistics:
                    x^2 df  P(> x^2)
Likelihood Ratio 32.61108 39 0.7550649    ：尤度比カイ2乗統計量
Pearson          32.48151 39 0.7602350    ：ピアソンのカイ2乗統計量
> kfit$deviance    # 逸脱度
[1] 32.61108
> kfit$df          # 自由度
[1] 39
> kfit$deviance-2*kfit$df  # AIC
[1] -45.38892
```

が得られる．2因子交互作用を含み，3因子交互作用のないモデルは，さらに

```
# 2因子交互作用を含むモデル
>kfit1<-loglm(度数~病院+手術法+ダビング症候群+病院*手術法+病院*ダビング症候群+
    手術法*ダビング症候群,data=rei7.6)     # 2因子交互作用を含むモデル
>summary(kfit)
>kfit1$deviance                            # 逸脱度
>kfit1$df                                  # 自由度
>kfit1$deviance-2*kfit1$df                 # AIC
```

を続ければ

```
> kfit1$deviance          # 逸脱度
[1] 12.50334
> kfit1$df                # 自由度
[1] 18
> kfit1$deviance-2*kfit1$df  # AIC
[1] -23.49666
>
```

となり，AIC は，相互独立モデルよりかなり大きくなる．

表7.7 は，AIC の小さい順に並べた LLM(Log Linear Models) である．表 7.7 の Y^2 と df から，すべてのモデルの適合度は妥当であるが，相互独立モデルが最もよいことがわかる．

表 7.7 LLM に対する Y^2, df, および AIC 値

LLM	Y^2	df	AIC
[A,B,C]	32.611	39	-45.389
[A,BC]	21.733	33	-44.267
[AC]	24.510	33	-41.490
[BC,AC]	13.631	27	-40.369
[AB]	31.638	30	-28.362
[AB,BC]	20.760	24	-27.240
[AB,AC]	23.537	24	-24.463
[AB,BC,AC]	12.503	18	-23.497

次に,手術法とダンピング症候群との交互作用 u_{jk}^{BC} の有意差を検定する.
モデル $M : \ln \mu_{ijk} = u + u_i^A + u_j^B + u_k^C$
モデル $M' : \ln \mu_{ijk} = u + u_i^A + u_j^B + u_k^C + u_{jk}^{BC}$
とすると,$\chi^2(M) - \chi^2(M') = 32.611 - 21.733 = 10.88$,$df(M) - df(M') = 39 - 33 = 6$ より p 値 $= 0.092$ となり 10% 有意である.

7.4 ロジスティック回帰分析

本節では,この応答変数が 2 値の回帰モデル(これを **ロジスティック回帰モデル**と呼ぶ)を取り上げる.これは,計量値の回帰分析と類似の考え方であるが,標本不良率 π を

$$\eta = \ln\{\pi/(1-\pi)\} \tag{7.42}$$

と変換する.これを**ロジット変換**という.

いま t 個の異なる実験条件があり,母不良率が $\pi_i (i = 1, 2, \ldots, t)$ の i 番目の実験条件から,大きさ n_i のサンプルをとったとき,その中の不良個数を x_i とする.x_i は,二項分布 $B(n_i, \pi_i)$ に従う確率変数であり,

$$f\{x_i\} = \binom{n_i}{x_i} \pi_i^{x_i}(1-\pi_i)^{n_i-x_i}, \quad x_i = 0, 1, \ldots, n_i \tag{7.43}$$

と書ける.よって,尤度関数は,

となり，対数尤度関数

$$L = \prod_{i=1}^{t} \binom{n_i}{x_i} \pi_i^{x_i}(1-\pi_i)^{n_i-x_i} \tag{7.44}$$

$$\ln L = \sum_{i=1}^{t}\left\{\ln\binom{n_i}{x_i} + x_i \ln \pi_i + (n_i - x_i)\ln(1-\pi_i)\right\} \tag{7.45}$$

を得る．

さて，t 個の実験条件について，p 個の説明変数を含むロジスティック回帰モデル

$$\begin{aligned}\eta_i &= \ln\{\pi_i/(1-\pi_i)\} \\ &= \beta_0 + \beta_1 x_{1i} + \beta_2 x_{2i} + \cdots + \beta_p x_{pi} \\ &= \beta_0 + \sum_{k=1}^{p} \beta_k x_{ki}\end{aligned} \tag{7.46}$$

を考える．ここに，x_{ki} は実験条件 i に対する k 番目の説明変数の値，β_j は j 番目の回帰係数である．(7.46) 式を (7.45) 式へ代入すると

$$\ln L = \sum_{i=1}^{t}\left[\ln\binom{n_i}{x_i} + x_i z_i - n_i \ln\{1 + \exp(z_i)\}\right] \tag{7.47}$$

となる．(7.46) 式より

$$\pi_i = \frac{\exp(\eta_i)}{1 + \exp(\eta_i)} \tag{7.48}$$

と書ける．ただし，

$$z_i = \beta_0 + \sum_{k=1}^{p} \beta_k x_{ki} \tag{7.49}$$

である．ゆえに，尤度関数は未知パラメータ β_k の関数である．この未知パラメータをデータから推定するため，尤度関数が最大になる β_k を求めればよい．すなわち

$$\begin{aligned}o &= \frac{\partial \ln L(\beta)}{\partial \beta_k} \\ &= \sum_{i=1}^{t} x_i x_{ki} - \sum_{i=1}^{t} n_i x_{ki} \exp(z_i)\{1 + \exp(z_i)\}^{-1}, \quad k = 0, 1, \ldots, p\end{aligned} \tag{7.50}$$

を満たす β_j が $MLE\hat{\beta}_j$ である．この方程式は**ニュートン-ラフソン法**による繰返し計算で求められる．$\hat{\beta}_j$ を (7.46) 式へ代入すると，η_i の $MLE\ \hat{\eta}_i$ が得られる．よって，$\eta_i = \ln\{\pi_i/(1-\pi_i)\}$ を π_i について解いた (7.48) 式から，不良率 π_i の MLE

$$\hat{\pi}_i = \frac{\exp(\hat{\eta}_i)}{1 + \exp(\hat{\eta}_i)} \tag{7.51}$$

を求めることができる．

次に，想定したロジスティック回帰モデルがデータに当てはまっているかどうかを調べよう．すなわち，母不良率 π_i に対するロジスティック回帰モデルのもとでの $MLE\ \hat{\pi}_i$ と，標本不良率 P_i との不一致の程度を測定するため，尤度比検定を用いる．(7.46) 式のロジスティック回帰モデルに関する $MLE\ \left(\hat{\beta}_0, \hat{\beta}_1, \ldots, \hat{\beta}_p\right)$ を (7.44) 式へ代入したとき，尤度関数の値を $L\left(\hat{\beta}_0, \hat{\beta}_1, \ldots, \hat{\beta}_p\right)$ と書く．一方，モデルがデータと完全に当てはまっている飽和モデル（すなわち，π_i の推定値として，標本不良率 P_i を用いる）のもとでの尤度関数の値を $L(P_0, P_1, \ldots, P_t)$ で示す．このとき，4.5 節での尤度比検定統計量は，

$$\begin{aligned}D &= -2\ln\left\{\frac{L\left(\hat{\beta}_0, \hat{\beta}_1, \ldots, \hat{\beta}_p\right)}{L(P_1, P_2, \ldots, P_p)}\right\}\\ &= 2\sum_{i=1}^{t}\left\{x_i \ln\left(\frac{x_i}{\hat{\pi}_i}\right) + (n_i - x_i)\ln\left(\frac{1 - P_i}{1 - \hat{\pi}_i}\right)\right\}\end{aligned} \tag{7.52}$$

で，棄却域は

$$D \geq \chi^2(t - (p+1), \alpha) \tag{7.53}$$

となる．この D を**逸脱度** (deviance) と呼ぶ．

$$L\left(\hat{\beta}_0, \hat{\beta}_1, \ldots, \hat{\beta}_p\right)/L(P_0, P_1, \ldots, P_t) \leq 1$$

であるが，$L\left(\hat{\beta}_0, \hat{\beta}_1, \ldots, \hat{\beta}_p\right)$ が $L(P_0, P_1, \ldots, P_t)$ に比べて小さい（モデルの当てはまりが悪い）なら，D の値は大きくなる．$L\left(\hat{\beta}_0, \hat{\beta}_1, \ldots, \hat{\beta}_p\right)$ が $L(P_0, P_1, \ldots, P_t)$ に近づけば（モデルの当てはまりがよくなる），D の値は小さくなる．

例題 7.7 [回帰分析型] 表 7.8 のデータを解析する．同表は，二硫化炭素ガスの毒性を検討するため，二硫化炭素ガスに 5 時間カブト虫を暴露し，二硫化炭素ガスの濃度 CS_2（の対数値 $\log_{10} CS_2 \text{mgl}^{-1}$）と死亡数との関係を調べた結果である（田中ら，2008，7.3.1 項）．これは，要因が連続値の回帰分析型である．

表 7.8 カブト虫の死亡数と二硫化炭素ガスに関するデータ

ガス濃度 ($\log_{10} CS_2 \text{mgl}^{-1}$)	死亡数	生存数
1.6907	6	53
1.7242	13	47
1.7552	18	44
1.7842	28	28
1.8113	52	11
1.8369	53	6
1.8610	61	1
1.8839	60	0

表 7.8 のデータにロジスティック回帰モデル

$$\eta_i = \ln\{\pi_i/(1-\pi_i)\} = \beta_0 + \beta_1 x_i \tag{7.54}$$

を当てはめたところ，$\hat{\beta}_0 = -60.717$, $\hat{\beta}_1 = 34.270$ となった．これより $\hat{\eta}_i$ および (7.51) 式の $\hat{\pi}_i$ を求めることができる．(7.52) 式を用いると，適合度検定統計量 D は，$D = 11.232 < \chi^2(6; 0.05) = 12.59$ となり，モデルの妥当性が示唆される．

次に，回帰係数を検定しよう．ある整数 $q\ (<p)$ に対し，帰無仮説は

$$H_0 : \beta_{q+1} = \beta_{q+2} = \cdots = \beta_p = 0 \tag{7.55}$$

と書ける．この帰無仮説の検定法として，**Wald 検定**と**尤度比検定**を取り上げる．$p+1$ 個の未知パラメータ $\boldsymbol{\beta} = (\beta_0, \beta_1, \ldots, \beta_p)$ の最尤解 $\hat{\boldsymbol{\beta}}$ は漸近的に正規分布

$$\hat{\boldsymbol{\beta}} \sim \left(\boldsymbol{\beta}, \boldsymbol{I}^{-1}\left(\hat{\boldsymbol{\beta}}\right)\right) \tag{7.56}$$

に従う．ここに，$\boldsymbol{I}(\boldsymbol{\beta})$ は 3.1 節のフィッシャー情報量で，その逆行列を漸近的分散共分散行列と呼び，

$$\widehat{Var}\left[\hat{\boldsymbol{\beta}}\right] = \boldsymbol{I}^{-1}\left(\hat{\boldsymbol{\beta}}\right) = \boldsymbol{V} \tag{7.57}$$

とおく.

Wald 検定は，この漸近正規性を利用している．帰無仮説 (7.55) 式が真なら，$\hat{\boldsymbol{\beta}}' = (\beta_{q+1}, \beta_{q+2}, \ldots, \beta_p)^T$ について

$$\hat{\boldsymbol{\beta}}'^T \boldsymbol{V} \hat{\boldsymbol{\beta}}' \sim \chi^2(p-q) \tag{7.58}$$

が成り立つ．ここに $\boldsymbol{V}'$ は $\boldsymbol{V}$ の $\hat{\boldsymbol{\beta}}'$ に対応する $(p-q) \times (p-q)$ 部分行列である．R では 1 つの回帰係数 β_i に関する帰無仮説

$$H_0 : \beta_i = 0 \tag{7.59}$$

に関する Wald 検定が採用されている．すなわち，

$$\beta_i / \sqrt{v_{ii}} \sim N(0, 1) \tag{7.60}$$

となる．ここに，v_{ii} は $\boldsymbol{V}$ の β_i に対応する対角要素である．(7.60) 式は

$$\beta_i^2 / v_{ii} \sim \chi^2(1) \tag{7.61}$$

と同等である.

次に尤度比検定について述べる．(7.46) 式のもとでの $MLE\left(\hat{\beta}_0, \hat{\beta}_1, \ldots, \hat{\beta}_p\right)$ から求まる尤度関数 (7.44) 式の値を $L\left(\hat{\beta}_0, \hat{\beta}_1, \ldots, \hat{\beta}_p\right)$ と書く．一方，帰無仮説 (7.55) 式のもとでの $MLE\left(\hat{\hat{\beta}}_0, \hat{\hat{\beta}}_1, \ldots, \hat{\hat{\beta}}_q\right)$ による尤度関数の値を $L\left(\hat{\hat{\beta}}_0, \hat{\hat{\beta}}_1, \ldots, \hat{\hat{\beta}}_q\right)$ で示すと，

$$D_1 = -2[\ln L\left(\hat{\hat{\beta}}_0, \hat{\hat{\beta}}_1, \ldots, \hat{\hat{\beta}}_q\right) - \ln L(P_1, P_2, \ldots, P_t)]$$

$$D_2 = -2[\ln L\left(\hat{\beta}_0, \hat{\beta}_1, \ldots, \hat{\beta}_p\right) - \ln L(P_1, P_2, \ldots, P_t)]$$

は，それぞれ漸近的に自由度 $n-(q+1)$，および $n-(p+1)$ のカイ 2 乗分布に従う．ゆえに，

$$D_1 - D_2 = -2[\ln L\left(\hat{\hat{\beta}}_0, \hat{\hat{\beta}}_1, \ldots, \hat{\hat{\beta}}_q\right) - \ln L\left(\hat{\beta}_0, \hat{\beta}_1, \ldots, \hat{\beta}_p\right) \tag{7.62}$$

は，漸近的に自由度 $n-(q+1)-\{n-(p+1)\}=p-q$ のカイ 2 乗分布に従う．これを**逸脱度分析** (Analysis of deviance: ANODEV) と呼ぶ．

Wald 検定と尤度比検定は，帰無仮説が真ならともに自由度 $(p-q)$ のカイ 2 乗分布に従う．R で採用されている Wald 検定は，取り上げた未知パラメータを含むモデルから，(7.58) 式を用いて一度に検定ができる．一方，尤度比検定は (7.62) 式のように，検定したい未知パラメータを個別に取り上げ，それを含むモデル D_2 と含まないモデル D_1 の 2 つを当てはめなければならない．1 つの未知パラメータごとに 2 つのモデルの最尤解を算出しなければならないが，カイ 2 乗分布への近似はよい．

例題 7.8 表 7.8 のデータについて，回帰係数 β_1 の有意性を検定する．
【解答】 帰無仮説
$$H_0 : \beta_1 = 0$$
に関し，(7.62) 式を計算すると
$$D_1 - D_2 = -2[\ln L\left(\hat{\hat{\beta}}_0\right) - \ln L\left(\hat{\beta}_0, \hat{\beta}_1\right)] = 272.97 > \chi^2(1, 0.05) \quad (7.63)$$
を得，高度に有意である．ただし，$p-q=7-6=1$ とする．

R プログラム

```
# 例題7.7および例題7.8 (ロジスティック回帰分析)
>ガス濃度<-c(1.6907,1.7242,1.7552,1.7842,1.8113,1.8369,1.8610,1.8839)
>死亡数<-c(6,13,18,28,52,53,61,60)
>生存数<-c(53,47,44,28,11,6,1,0)
>rei7.8<-data.frame(ガス濃度,死亡数,生存数)
>kfit<-glm(cbind(死亡数,生存数)~ガス濃度,family=binomial,data=rei7.8)
>summary(kfit)
>kfit$deviance                  # 逸脱度
>kfit$df.residual               # 残差 自由度
>kfit$aic
>round(kfit$fitted.values,4)    # 少数4桁まで表示
```

を採用すると

```
Call:
glm(formula = cbind(死亡数, 生存数) ~ ガス濃度, family = binomial,
    data = train)
Deviance Residuals:
    Min      1Q   Median       3Q      Max
-1.5941  -0.3944   0.8329   1.2592   1.5940
Coefficients:
             Estimate Std. Error z value Pr(>|z|)
(Intercept)  -60.717      5.181   -11.72   <2e-16 ***
ガス濃度       34.270      2.912    11.77   <2e-16 ***
---
Signif. codes:  0 '***' 0.001 '**' 0.01 '*' 0.05 '.' 0.1 ' ' 1
(Dispersion parameter for binomial family taken to be 1)
                     : 飽和モデルの逸脱度, 自由度
    Null deviance: 284.202  on 7  degrees of freedom
                     : 想定したモデルの逸脱度, 自由度
Residual deviance:  11.232  on 6  degrees of freedom
AIC: 41.43                              : AIC値
Number of Fisher Scoring iterations: 4
> kfit$deviance
[1] 11.23223                            : 想定したモデルの逸脱度
> kfit$df.residual                      : 想定したモデルの自由度
[1] 6
> kfit$aic
[1] 41.43027                            : 想定したモデルのAIC値
> round(kfit$fitted.values,4)           : 予測値を小数第4位まで出力
     1      2      3      4      5      6      7      8
0.0586 0.1640 0.3621 0.6053 0.7952 0.9032 0.9552 0.9790  : 予測値
```

を得る.

'ガス濃度' の有意性の尤度比検定は，先の R プログラムに

```
# 尤度比検定
>kfit1<-glm(cbind(死亡数,生存数)~1,family=binomial,data=rei7.8)
# 切片のみのモデル
>kfit2<-update(kfit1,cbind(死亡数,生存数)~ガス濃度)
>anova(kfit1,kfit2)
```

と続けると

```
Analysis of Deviance Table
Model 1: cbind(死亡数, 生存数) ~ 1    : β₀のみのモデル
Model 2: cbind(死亡数, 生存数) ~ ガス濃度
  Resid. Df Resid. Dev Df Deviance
1       7     284.202                 : (7.55)式の下での自由度,逸脱度D₁
2       6      11.232  1   272.97     : (7.46)式の下での自由度,
                                        逸脱度D₂,D₁-D₂の自由度とその値
```

から，(7.62) 式の $D_1 - D_2 = 272.97$ が得られる．

例題 7.9 [分散分析型]

表 7.9 は，2 種類の洗剤（新製品 x と標準品 M）に関する消費者テストデータである（後藤ら，1980，3.4 節）．これは，要因が分散分析と同じ型で与えられている．洗剤 x と M の両方を使用した消費者 1008 名に

1) 洗剤 x と M のどちらを好むか
2) 洗剤 M を使用した経験があるか
3) 洗濯するときの水の硬度はどうか
4) 洗濯するときの水の温度はどうか

の質問を行った．表 7.9 は，新製品 x と標準品 M を好む人数の調査結果である．

表 7.9 消費者テストデータ

水の硬度	選好	M の使用経験あり 温度		M の使用経験なし 温度	
		高	低	高	低
硬	x	19	57	29	63
	M	29	49	27	53
中	x	23	47	33	66
	M	47	55	23	50
軟	x	24	37	42	68
	M	43	52	30	42

まず，すべての効果を取り込んだ飽和モデルを当てはめる．（効果の個数 + y 切片）=（データ数）の飽和モデルであるから，常に当てはまっている．R プログラム

```
# 例題7.9  (：分散分析型)
>X選好<-c(19,23,24,57,47,37,29,33,42,63,66,68)
>M選好<-c(29,47,43,49,55,52,27,23,30,53,50,42)
>Mの使用<-c(1,1,1,1,1,1,-1,-1,-1,-1,-1,-1)
>温度<-c(1,1,1,-1,-1,-1,1,1,1,-1,-1,-1)
>硬度1次<-c(-1,0,1,-1,0,1,-1,0,1,-1,0,1)
>硬度2次<-c(1,-2,1,1,-2,1,1,-2,1,1,-2,1)
>rei7.9<-data.frame(X選好,M選好,Mの使用,温度,硬度1次,硬度2次)
>kfit<-glm(cbind(X選好,M選好)~Mの使用+温度+硬度1次+硬度2次+
Mの使用*温度+Mの使用*硬度1次+Mの使用*硬度2次+温度*硬度1次+
温度*硬度2次+Mの使用*温度*硬度1次+Mの使用*温度*硬度2次,
family=binomial,data=rei7.9)
>summary(kfit)
```

を採用すると

```
Call:
glm(formula = cbind(X選好, M選好) ~ Mの使用 + 温度 + 硬度1次 +
    硬度2次 + Mの使用 * 温度 + Mの使用 * 硬度1次 + Mの使用 *
    硬度2次 + 温度 * 硬度1次 + 温度 * 硬度2次 + Mの使用 * 温度 *
    硬度1次 + Mの使用 * 温度 * 硬度2次, family = binomial, data = rei7.9)
Deviance Residuals:
 [1]  0  0  0  0  0  0  0  0  0  0  0  0
Coefficients:
                     Estimate Std. Error z value Pr(>|z|)
            : 回帰係数の推定値,その標準誤差,z値,p値
(Intercept)         -0.030473   0.067253  -0.453   0.6505
Mの使用              -0.314016   0.067253  -4.669 3.02e-06 ***
温度                -0.128145   0.067253  -1.905   0.0567 .
硬度1次              -0.009730   0.082743  -0.118   0.9064
硬度2次               0.013913   0.047338   0.294   0.7688
Mの使用:温度         -0.100917   0.067253  -1.501   0.1335
Mの使用:硬度1次      -0.153232   0.082743  -1.852   0.0640 .
Mの使用:硬度2次       0.031802   0.047338   0.672   0.5017
温度:硬度1次          0.035911   0.082743   0.434   0.6643
温度:硬度2次         -0.004812   0.047338  -0.102   0.9190
Mの使用:温度:硬度1次  0.046906   0.082743   0.567   0.5708
Mの使用:温度:硬度2次  0.029648   0.047338   0.626   0.5311
---
```

```
Signif. codes:  0 '***' 0.001 '**' 0.01 '*' 0.05 '.' 0.1 ' ' 1

(Dispersion parameter for binomial family taken to be 1)
    Null deviance: 3.2826e+01  on 11  degrees of freedom  : 飽和モデルの逸脱度
Residual deviance: 1.3323e-14  on  0  degrees of freedom  : 想定したモデルの逸
脱度
AIC: 81.698                                               : 想定したモデルのAIC
Number of Fisher Scoring iterations: 3
```

を得る.Wald 検定の結果,主効果 'M の使用' が高度に有意,主効果 '温度' と交互作用効果 'M の使用 × 硬度 1 次' が 10% で有意となる.

変数選択(変数減少法)を行う場合は,先の R プログラムに

```
# ステップワイズ
>library(MASS)     # 変数選択(ステップワイズ法)に必要
>stepAIC(kfit)     # 変数減少法(デフォルト)
```

を続けると

```
Start:  AIC=81.7
cbind(X選好, M選好) ~ Mの使用 + 温度 + 硬度1次 + 硬度2次 + Mの使用 *
    温度 + Mの使用 * 硬度1次 + Mの使用 * 硬度2次 + 温度 * 硬度1次 +
    温度 * 硬度2次 + Mの使用 * 温度 * 硬度1次 + Mの使用 * 温度 *
    硬度2次

                        Df Deviance     AIC
- Mの使用:温度:硬度1次    1   0.32148  80.019
- Mの使用:温度:硬度2次    1   0.39297  80.091
<none>                       0.00000  81.698
Step:  AIC=80.02
-------------
途中結果(略)
-------------
Step:  AIC=71.04
cbind(X選好, M選好) ~ Mの使用 + 温度 + 硬度1次 + Mの使用:温度 +
    Mの使用:硬度1次
                      Df Deviance     AIC     : df,逸脱度,AIC
<none>                    1.3391  71.037
- Mの使用:温度         1   3.5966  71.295
```

```
- Mの使用:硬度1次  1    5.6456 73.344
Call:  glm(formula = cbind(X選好, M選好) ~ Mの使用 + 温度 + 硬度1次 +
Mの使用:温度+Mの使用:硬度1次, family=binomial, data = rei7.9): 最終モデル


Coefficients:
    (Intercept)          Mの使用            温度           硬度1次     ：回帰係数
       -0.03123         -0.31162        -0.13012        -0.02035
     Mの使用:温度    Mの使用:硬度1次
       -0.10047         -0.16442
Degrees of Freedom: 11 Total (i.e. Null);   6 Residual
Null Deviance:      32.83                         ：飽和モデルの逸脱度
Residual Deviance: 1.339                          ：想定したモデルの逸脱度
AIC: 71.04                                        ：想定したモデルのAIC
```

となる．すなわち，主効果'Mの使用'，'温度'，'硬度1次'，および交互作用効果'Mの使用 × 温度'，'Mの使用 × 硬度1次' をもつモデルが最適となる．逸脱度 = 1.339, $df = 11$ で適合度はかなりよい．AIC 値も 71.04 となり，飽和モデルの AIC = 81.7 より大幅に減少する．

次に，3因子交互作用効果の有意性を尤度比検定する．先の R プログラムに

```
# 3因子交互作用効果の尤度比検定
>kfit1<-glm(cbind(X選好,M選好)~Mの使用+温度+硬度1次+硬度2次+
>Mの使用*温度+Mの使用*硬度1次+Mの使用*硬度2次+温度*硬度1次+温度*硬度2次,
family=binomial,data=rei7.9)
>kfit2<-update(kfit1,cbind(X選好,M選好)~.+Mの使用*温度*硬度1次+Mの使用*温度*
硬度2次)
>anova(kfit1,kfit2)
```

を続ける．R プログラム中の kfit1 で，飽和モデルから有意性を検定したい3因子交互作用効果すべてを除去し，kfit2 でそれらを加えた飽和モデルにする．その結果

```
Analysis of Deviance Table
Model 1: cbind(x選好, M選好) ~ Mの使用 + 温度 + 硬度1次 + 硬度2次 + Mの使用:
温度 +
    Mの使用:硬度1次 + Mの使用:硬度2次 + 温度:硬度1次 + 温度:硬度2次 ：モデル1
```

```
Model 2: cbind(x選好, M選好) ~ Mの使用 + 温度 + 硬度1次 + 硬度2次 + Mの使用:
温度 +
    Mの使用:硬度1次 + Mの使用:硬度2次 + 温度:硬度1次 + 温度:硬度2次 +
    Mの使用:温度:硬度1次 + Mの使用:温度:硬度2次              : モデル2
  Resid. Df Resid. Dev Df Deviance
1      2     0.73732                   : モデル1の自由度,逸脱度
2      0     0.00000  2  0.73732       : モデル2の自由度,逸脱度,逸脱度の差
```

を得，3因子交互作用は有意にならない．

y が 0 か 1 の 2 値応答なら，ベルヌーイ分布（二項分布で $n=1$ の場合）に従い，(2.29) 式から

$$E[y] = \pi, \quad Var[y] = \pi(1-\pi) \tag{7.64}$$

となる．ここでも π に関する (7.46) 式のようなロジスティック回帰モデル（この場合は，ロジスティック判別モデルと呼ばれる）を構築できる．逸脱度は

$$Dev(\mathbf{y}, \hat{\boldsymbol{\pi}}) = -2\sum_{i=1}^{n}\{y_i \ln \hat{\pi}_i + (1-y_i)\ln(1-\hat{\pi}_i)\} \tag{7.65}$$

で与えられる．

例題 7.10　表 7.10 のデータは，糖尿病患者における糖尿病網膜症の発症と進行のリスクファクターを探索した疫学研究の結果である（辻谷ら，2009, 5.1 節）．このデータは，WESDR (Wisconsin Epidemiological Study of Diabetic Retinopathy) と呼ばれている[注7.2]．共変量としては，x_1 :dur（罹病期間），x_2 :gly（糖化ヘモグロビン;%），x_3 :bmi（肥満度; kg/m^2）を取り上げる．gly, bmi が大きければ糖尿病に移行しやすく，bmi がさらに大きくなると増大したインスリン抵抗性に耐え切れず，膵臓が疲弊して糖利用が低下し痩せてくる．この経過は罹病期間に異存するため，糖尿病発症の早期は bmi が大きく，その後，痩せに転じて bmi が低下する．応答 ret は発症したら 1，そうでなければ 0 とする．

[注 7.2]　http://people.bath.ac.uk/sw283/mgcv/wesdr.txt より引用できる．

7.4 ロジスティック回帰分析

表 7.10 糖尿病網膜症データ

患者番号	dur	gly	bmi	ret
1	10.3	13.7	23.8	0
2	9.9	13.5	23.5	0
⋮	⋮	⋮	⋮	⋮
353	9.8	16.7	20.3	1
⋮	⋮	⋮	⋮	⋮
669	10.1	10.1	26.3	0

R プログラムは

```
>rei7.10 <- read.csv("F:\\表7-10.txt",header=TRuE)
>kfit <- glm(ret~gly+dur+bmi+dur:bmi,data=rei7.10,family=binomial)
>summary(kfit)
```

となる．dur:bmi で罹病期間と bmi との交互作用効果を考慮している．その結果，

```
Call:
glm(formula = ret ~ gly + dur + bmi + dur:bmi, family = binomial,
    data = rei7.10)


Deviance Residuals:
    Min       1Q   Median       3Q      Max
-1.9919  -0.9012  -0.5917   1.0575   2.3990
Coefficients:
              : 回帰係数の推定値，その標準誤差，z値，p値
              Estimate Std. Error z value Pr(>|z|)
(Intercept) -6.735e+00  9.579e-01  -7.031 2.05e-12 ***
gly          3.889e-01  3.995e-02   9.735  < 2e-16 ***
dur         -6.165e-03  5.877e-02  -0.105   0.9165
bmi          6.786e-02  3.305e-02   2.053   0.0401 *
dur:bmi     -6.383e-05  2.462e-03  -0.026   0.9793
---
Signif. codes:  0 '***' 0.001 '**' 0.01 '*' 0.05 '.' 0.1 ' ' 1

(Dispersion parameter for binomial family taken to be 1)
```

```
    Null deviance: 908.25  on 668  degrees of freedom  : 飽和モデルの逸脱度
Residual deviance: 780.98  on 664  degrees of freedom  : 想定したモデルの逸
脱度
AIC: 790.98                                            : 想定したモデルのAIC
Number of Fisher Scoring iterations: 3
```

を得る．主効果 gly, bmi のみが有意で，交互作用効果は有意にならない．逸脱度，残差自由度，誤判別表，および誤判別率は，

```
> kfit$deviance          : 想定したモデルの逸脱度
[1] 780.9831
> kfit$df.residual       : 想定したモデルの自由度
[1] 664
> pr<-predict(kfit,type="response")
> (tab<-table(rei7.10$ret,pr>0.5))
    FALSE TRuE           : 誤判別表
  0   320   71
  1   126  152
> (error<-(tab[1,2]+tab[2,1])/sum(tab))
[1] 0.2944694            : 誤判別率
```

となる．よって，誤判別率 0.294 を得る．主効果 gly, bmi のみをもつモデルを当てはめると AIC $= 787.55$，誤判別率 $= 0.3079223$ を得る．

付録

Rの使い方入門

統計解析用フリーソフトRを初めて使い，本書で確率・統計を学ぶ人のために，Rの入手方法，データの入力などの基本操作について，最小限に必要な事項を記載した．Rの使い方の詳細については，ウェブサイト[注1]から資料を入手し参照されたい．

1 Rの入手

Rは，ベースシステムとアドオンパッケージの2つで構成されている．ベースシステムにパッケージを追加することで，より高度な解析にも利用できる．

1.1 インストール

ベースシステム，アドオンパッケージのいずれも，CRAN(Comprehensive R Archive Network) のサイト

http://CRAN.R-project.org

[注1] [1]The R Project: http://www.r-project.org/
[2]http://aoki2.si.gunma-u.ac.jp/R/
[3]http://www.okada.jp.org/RWiki/index.php?RjpWiki

から入手できる．また，次の兵庫教育大学，筑波大学などの CRAN ミラーサイト

- 兵庫教育大学 (http://essrc.hyogo-u.ac.jp/cran/)
- 筑波大学 (http://cran.md.tsukuba.ac.jp/bin/windows/base)

も利用できる．いずれかのサイトに接続し，ダウンロードする R が Windowsか MacOS X かを指定し，以降，指示に従ってすすめばよい．インストールを終えると，R のショートカットがディスクトップに作成される．

1.2 パッケージの追加（アドオンパッケージ）

ベースシステムをインストールすると，標準的に使われるパッケージが同時にインストールされる．どのようなパッケージが存在するかは，【R consol】のメニューにある"パッケージ"の「パッケージの読み込み」をクリックすると現れるリストより知ることができる（または，library() を実行する）．それ以外の拡張パケージは"パッケージ"の「パッケージのインストール」より得ることができる．なお，プログラムでインストールされたパッケージを使いたい場合，

```
【パッケージのロード】
> library(パッケージ名)
```

と入力し，ロードしなければならない（"base" など，標準で検索リストに登録されているパッケージのロードは必要ない）．

2　R の基本

2.1　R の基本操作

R を起動して立ち上がった【R console】にメッセージが出力され，続いて R のプロンプト > が表示される．このプロンプトに対して，種々の命令を入力する．【R console】の>に対して，直接コマンドや数式を入力してもよ

いが，入力の間違いが多くなることもあるので，【R console】のメニューの[ファイル]より，"新しいスクリプト"をクリックすると，【R エディタ】があらわれるので，この画面上でデータやコマンドの入力や解析を行うとよい．【R エディタ】を使う場合は，>を書く必要はない．関数やパッケージの解説を知りたい場合は，関数名やパッケージ名を help() のカッコ内に書き実行する．プログラムにコメントを入れる場合は，#を入力すると，以降，右の数字や文字列は，次の改行まで無視されるので，注釈などのコメントを付すのに利用される．

2.2 基本演算

R で使われる演算子や初等関数には，表 1 のようなものがある．

【四則演算・初等関数】
```
> 1+4   # 1+4と入力した後「Enter」キーを押すと結果を得る．以下同様
[1] 5
> sqrt(3)   # 3の平方根．sqrt()は関数
[1] 1.732051
```

表 1 算術・比較・論理演算・初等関数

演算子	意味	例	演算子	意味	例
+	和	1.3+5	-	差	2.5-4.3
*	積	11*11	/	商	5/6
^	べき	2^10			
==	等しい	1==2	!=	等しくない	1!=4
<=	以上	1<=1	>=	以下	3>=4
<	より大きい	1<1	>	より小さい	3>2.9
&	かつ	1!=4	|	または	1<=1
abs	絶対値	abs()	exp	指数関数	exp()
log	自然対数	log()	log10	常用対数	log10()
sin	正弦	sin()	round	四捨五入	round()

2.3 データ入力

(1) 代入

<-が代入記号であり，例えば，次のように x<-100 とすれば x に 100 が代入される．また，x<-10+5 のように計算結果も代入できる．

【スカラーの代入】
```
> x<-100   # xに100を代入
> x
[1] 100
> (x<-1+5) # ()をつけるとxと入力しなくても結果が出力される
[1] 6
```

(2) ベクトル

関数 c() を用いて，数値や文字のベクトルを定義できる．

【ベクトルの代入】
```
> c(10,12,13)
[1] 10 12 13
> x<-c("A","b") # xに"A", "b"を代入
> x
[1] "A" "b"
```

(3) 行列

関数 matrix() を使う．

【行列の代入】
```
> matrix(c(1,2,3,4,5,6,7,8,9,10),nrow=5,ncol=2) # 行列の作成. nrowは行数, ncolは列数
     [,1] [,2]
[1,]    1    6
[2,]    2    7
[3,]    3    8
[4,]    4    9
[5,]    5   10
```

(4) データフレーム（行列の表）

関数 data.frame() を使う．R のデータ解析では，データフレーム data

.frame() で入力するケースが多い．

―【データフレーム（行列の表）】――――――――――
```
> A<-c(1,2,3,4,5)
> B<-c(6,7,8,9,10)
> C<-c("No.1","No.2","No.3","No.4","No.5")
> data.frame(C,A,B)
      C A  B
1 No.1 1  6
2 No.2 2  7
3 No.3 3  8
4 No.4 4  9
5 No.5 5 10
```

(5) データファイル

データファイルはテキストファイルとして保存されていることが多く，その場合の拡張子は.texとなっている（.csvとなっているファイルはコンマ","で区切られている）．データファイルを読み込むには，関数 read.table()，scan() が用いられる．その内，read.table() は小・中規模，scan() は大規模のデータに適している．以下，read.table() について例示する．例えば，次のような dat1.txt というファイルが D ドライブのフォルダ RD に保存されているとき，このファイルを R にデータ「data1」として読み込むには，

―【データファイルから】――――――――――
```
> data1<-read.table("D:/RD/dat1.txt",header=TRUE)
------------------------------------------------
ファイルdat1.txtの構成
X1   X2    Y
23   56   102
19   35   201
 .    .    .
```

ここで，header=TRUE または header=T は，ファイルの1行目がヘッダーであることを指し，ない場合は header=FALSE または header=F とする．また，","で区切られている.csvファイルの場合は，引数に sep="."を追加する．

また，Excel のソフトで作成したデータを R へ読み込むこともできる．Excel ファイルを ".csv" ファイルで保存し，関数 read.csv() を用いて，データを読み込む．さらに，ファイルの出力は，write.table() や write.csv() の関数を用いる．使用方法は read.table() や read.csv() と同様である．

【Excel ファイルから入出力：read.csv() と write.csv()】

```
> (y5<-read.csv("D:/RD/ex1.csv", header=F, col.names=c("name","height",
"age")))
  name height age
1    A  162.0  29
2    B  164.5  25
3    C  159.0  23
4    D  163.5  44
> write.csv(y5,"D:/RD/y5.csv")
```

2.4 数値表について

数値表の代わりに以下のように関数を用いる．デフォルト (引数 lower.tail=F をつけない) はすべて下側確率である．次のように 2 通りの求め方がある．

(1) 正規分布表
```
# 正規分布： u(P)から上側確率P/2を求める
pnorm(1.96,lower.tail=F)
1-pnorm(1.96)
[1] 0.0249979
# 正規分布：上側確率P/2からu(P)を求める
qnorm(0.05/2,lower.tail=F)
qnorm(1-0.05/2)
[1] 1.959964
```

(2) カイ 2 乗分布
```
# χ2乗分布： χ2 (Φ,P) と自由度Φから上側確率Pを求める
pchisq(18.307,10,lower.tail=F)
1-pchisq(18.307,10)
[1] 0.05000059
# χ2乗分布： 上側確率Pと自由度Φからχ2(Φ,P)を求める
qchisq(0.05,10,lower.tail=F)
qchisq(1-0.05,10)
[1] 18.30704
```

(3) t 分布

```
# t分布： t(Φ,P)と自由度Φから上側確率P/2を求める
pt(2.228,10,lower.tail=F)
1-pt(2.228,10)
[1] 0.02500589
# t分布： 上側確率P/2と自由度Φからt(Φ,P)を求める
qt(0.05/2,10,lower.tail=F)
qt(1-0.05/2,10)
[1] 2.228139
```

(4) F 分布

```
# F分布：F(Φ1,Φ2)と自由度Φ1,Φ2から上側確率Pを求める
pf(3.326,5,10,lower.tail=F)
1-pf(3.326,5,10)
[1] 0.04999328
# F分布：上側確率Pと自由度Φ1,Φ2からF(Φ1,Φ2)を求める
qf(0.05,5,10,lower.tail=F)
qf(1-0.05,5,10)
[1] 3.325835
```

2.5 基本統計量に関する関数

使用例は本文1章の「1.2 データの要約」に示した．その他，本文中で，グラフや統計解析で使用した関数（プログラム）には，わかりやすくするように，その後，関数を応用できるよう，多くの注 # を付した．

表2 基本統計量に関する関数

関数	意味	関数	意味
mean()	平均	median()	中央値
max()	最大値	min()	最小値
var()	(不偏)分散	range()	範囲
sum()	和	quantile()	四分位偏差

参考文献

Aitkin, A.C., Carroll, R.J., Hand, D.J., and Titterington, D.M. (2008): Statistical Modelling in R, Oxford University Press, New York.
金明哲（2007）：Rによるデータサイエンス，森北出版．
後藤昌司，畠中駿逸，田崎武信（訳）（1980）：二値データの解析，朝倉書店．
稲垣宣生，山根芳和，吉田光雄（1992）：統計学入門，裳華房．
久米均，飯塚悦功（1987）：回帰分析，岩波書店．
薩摩順吉（1988）：確率・統計，岩波書店．
白旗慎吾（1992）：統計解析入門，共立出版．
奥野忠一，久米均，芳賀敏郎，吉澤正（1981）：多変量解析法（改訂版），日科技連出版．
押川元重，阪口紘治（1989）：基礎統計学，共立出版．
竹内啓（1963）：数理統計学，東洋経済．
田中豊・垂水共之・脇本和昌（1989）：統計解析V 多変量分散分析・線形モデル編，共立出版．
田中豊・森川敏彦・山中竹春・冨田誠（訳）（2008）：一般化線形モデル入門，共立出版．
辻谷将明，竹澤邦夫（2009）：マシンラーニング（Rで学ぶデータサイエンス6），共立出版．
辻谷将明・和田武夫（1998）：パワーアップ 確率・統計，共立出版．
永田靖（1992）：入門統計解析法，日科技連出版．
船尾暢男（2009）：The R Tips（第2版），オーム社．
松本哲夫，辻谷将明，和田武夫（2005）：実用 実験計画法，共立出版．
柳川尭（1986）：離散多変量の解析，共立出版．

索引

関数とパッケージ
（末尾に () がついている項目が関数，他はパッケージ）

abline()　*22, 25, 52, 121*
anova()　*185, 189*
Anova()　*134*
aov()　*86, 92, 104, 113*
barplot()　*22, 25*
boxplot()　*7*
brkdn.plot()　*86, 104, 113*
car　*134*
chisq.test()　*166, 169*
confint()　*134*
cor()　*10, 142*
cor.test()　*119*
curve()　*28, 52, 58, 63*
dbinom()　*22, 23*
dchisq()　*52*
df()　*63*
dnorm()　*28*
dpois()　*25, 26*
cbind()　*135*

contour()　*121*
dt()　*58*
exp()　*120*
extractAIC()　*150*
glm()　*184, 187, 191*
hist()　*3*
kruskal.test()　*172*
legend()　*28, 52, 104*
length()　*44, 49, 55*
lm()　*105, 134, 143, 150*
loglm()　*177*
MASS　*150, 177*
matplot()　*135*
max()　*6*
mean()　*6, 44, 49, 60*
median()　*6*
min()　*6*
outer()　*120*

pairs() *142*
pairwise.t.test *92*
par() *145, 148, 155*
pbinorm *159*
pchisq() *53, 198*
persp() *121*
pf() *199*
plot() *10, 34, 145, 155*
plotrix *86, 104, 113*
pnorm() *30, 31, 49, 198*
predict() *105, 135, 143*
prop.test() *163*
pt() *59, 93, 199*
qchisq() *53, 55, 198*
qf() *199*
qnorm() *30, 44, 159, 198*
qqline() *33*
qqnorm() *33*
qt() *58, 60, 90, 199*
qtukey() *91*
round() *184*
sd() *6*
sqrt(t) *44, 60, 90, 106*
stepAIC() *152, 154, 188*
t.test() *62, 69, 72, 74*
tapply() *113*
TukeyHSD() *92*
update() *185*
var() *6, 55, 57*
var.test() *66, 72*

summary() *86, 134, 177, 187*

欧文

AIC *149*
ANOVA *79*
Q-Qプロット *145*
Cookの距離 *145*
Kruskal-Wallis検定 *170*
LLM *172*
MallowsのCp統計量 *149*
Wald検定 *182*
Z変換 *117*

ア行

赤池情報量規準 *149*
1元配置 *80*
　—の繰り返し数が異なる場合 *87*
　—の誤差変動 *81*
　—の処理間の差の検定 *89*
　—の処理間の差の推定 *88*
　—の処理間変動 *81*
　—の処理母平均の推定 *88*
　—の総変動 *81*
　—のデータの構造と平方和の分解 *80*
　—の分散分析 *83*
　—の平方和の期待値と平均平方 *82*
　—の平方和の計算 *81*
一致推定量 *41*

一致性　41
一般平均　80
伊奈の式　100
逸脱度　182
逸脱度分析　184
因子　79
上側確率　29
ウェルチの検定　70
F 分布　62
lsd　89
lsd 法　89
hsd 法　91

カ行

カイ 2 乗分布　52
　―の加法性　53
カイ 2 乗検定　166
確率分布　16, 21
確率分布表　16
確率変数　12, 15
確率密度関数　17
片側検定　49
偏り　40
加法定理　13
棄却　48
棄却域　49
期待値　18
擬似連関　176
帰無仮説　48
共分散　35

寄与率　133
空事象　13
区間推定　43
クラメール-ラオの限界　42
クラメール-ラオの不等式　41
グレコラテン方格法　115
k 次の原点積率　19
k 次の平均積率　19
計数値　157
決定係数　133
検出力　50
検定　40, 48
検定統計量　49
交互作用効果　94
誤差項　80
誤差平方和　82, 95
誤差変動　81
根元事象　13

サ行

最小 2 乗法　122
最小有意差　89
最尤推定量　45
最尤法　44
サタースウェイトの方法　69
3 因子交互作用　175
残差　123
残差の標準誤差　135
残差分析　145
残差平方和　123

散布図　7
試行　13
事後確率　15
事象　12
事前確率　15
実現値　12
四分位値　5
四分位偏差　5
重回帰分析　136
重相関係数　140
自由度　52, 83
自由度調整済重相関係数　140
順位和　170
周辺分布　34, 37
主効果　80, 94
出現期待度数　164
条件付き確率　14
条件付き独立モデル　175
乗法定理　14
処理間平方和　82, 95
処理間変動　81
信頼区間　43
信頼限界　43
水準　79
推定　40, 51
正規分布　28
正規方程式　123
正の相関　8
積事象　13
積率　19

積率母関数　20
Z変換　117
全事象　13
相関係数　7
相関分析　117
相互独立モデル　176
相対度数　17
総平方和　82
総変動　81

タ行

対応がある場合の2つの母平均の差の検定　73
第Ⅰ種の誤り　50
大数の法則　38
対数線形モデル　172
対数尤度関数　45
第Ⅱ種の誤り　50
対立仮説　48
互いに独立　14
田口の式　100
多項分布　35
多重独立モデル　176
多重比較　90
多変数離散型確率変数　34
多変数連続型確率変数　36
単回帰分析　122
　　—の回帰係数と定数項の推定　122
　　—の回帰係数の検定　130

—信頼区間と予測区間　125
　　—の回帰による平方和　132
　　—の誤差平方和　132
　　—の総平方和　132
　　—の分散分析　132
wsd法　91
チェビシェフの不等式　38
中央値　4
中心極限定理　38, 39
t分布　58
適合度検定　164
てこ比　146
テューキの方法　91
データの構造模型　79
点推定量　40
等価自由度　69
統計的推測　11
統計量　12
同時分布　34
とがり度　20
独立　35
独立モデル　174
度数表　1

ナ行

2元配置　93
　　—の処理間の差の検定　103
　　—の処理間の差の推定　101
　　—の処理母平均の推定　99

　　—のデータの構造と平方和の分解　94
　　—の分散分析　96
2元分割表　166
二項分布　21
　　—の正規近似　24
　　—のポアソン近似　25
2変量正規分布　120
ニュートン-ラフソン法　181

ハ行

排反　13
箱ひげ図　6
外れ値　5, 146
パラメータ　11
範囲　5
ピアソンカイ2乗統計量　178
反復比例当てはめ法　175
ヒストグラム　1
ひずみ度　20
1つの母不良率　157
　　—の検定と推定　157
1つの母分散　51
　　—の検定　55
　　—の推定　51
1つの母平均　57
　　—の検定　60
　　—の推定　59
標準正規分布　28
標準誤差　38

標準偏回帰係数　145
標準偏差　4
標本　11
標本空間　13
標本不良率　47, 166
標本分散　12
標本平均　12
フィッシャー情報量　42
2つの母不良率　160
　—の検定と推定　160
2つの母分散の比の検定　62, 64
2つの母平均の差の検定　66
2つの母分散が等しい場合　67
2つの母分散が等しくない場合　69
負の相関　8
不偏推定量　41
不偏性　41
不偏分散　4, 41
ブロック因子　107
ブロック計画　106
分割法　115
分割表による独立性の検定　172
分割表の解析　166
分散　19
分散分析　79, 83
分布関数　16
平均　4
平均平方　83
平均平方誤差　40
ベイズの定理　14

平方和　4
ベルヌーイ試行　21
ベルヌーイ分布　23
偏回帰係数　138
　—の内容　144
偏回帰プロット　145
偏相関係数　145
変量因子　80
変量モデル　80
変数選択　149
偏回帰プロット　145
変数減少法　152
変数減増法　152
変数増加法　151
ポアソン分布　25
　—の正規近似　27
飽和モデル　174
母集団　11
母数因子　80
母数モデル　80
母相関係数　117
　—の検定　118
　—の推定　117
母標準偏差　20
母不良率　23
母分散　12, 28
　—の比（等分散性）の検定　64
母平均　12, 18, 28, 81
ボンフェローニの方法　91

マ行

密度関数　*17*
無限母集団　*17*
無作為　*11*
無作為標本　*12*
無相関　*8*

ヤ行

有意水準　*49*
有限母集団　*17*
有効推定量　*42*
有効性　*41*
有効反復数　*100*
尤度関数　*45*
尤度比　*77*
尤度比カイ2乗統計量　*168*
尤度比検定　*75, 182*
要因実験　*79*
余事象　*13*
予測区間　*125*

ラ行

ラテン方格法　*115*
乱塊法　*106*
　——の分散分析　*108*
　——の処理母平均の推定　*110*
　——の処理間の差の推定　*111*
離散型確率分布　*16*
離散型確率変数　*15, 21*
離散値　*16*
両側検定　*49*
累積分布関数　*16*
連続型確率変数　*15, 17, 28*
連続補正　*25*
ロジスティック回帰分析　*179*
ロジット変換　*179*

ワ行

和事象　*13*

著者紹介

辻谷　將明（つじたに　まさあき）

1980年　大阪府立大学大学院 博士課程修了
専　攻　数理統計学
現　在　大阪電気通信大学情報通信工学部・教授，工学博士
主要著書　『応用実験計画法』（日科技連出版社，共著），『パワーアップ 確率・統計』（共立出版，共著），『実用 実験計画法』（共立出版，共著），『マシンラーニング』（共立出版，共著）など

和田　武夫（わだ　たけお）

1965年　北海道大学農学部農芸化学科 卒業
専　攻　応用統計学
現　在　元 関西福祉大学・教授，農学博士
主要著書　『応用実験計画法』（日科技連出版社，共著），『パワーアップ 確率・統計』（共立出版，共著），『実用 実験計画法』（共立出版，共著）

Rで学ぶ確率・統計
Probabilities and Statistics Using R

2012年9月15日　初版1刷発行

著者　辻谷將明・和田武夫　ⓒ 2012
発行　共立出版株式会社／南條光章
　　　東京都文京区小日向 4-6-19
　　　電話　(03) 3947 局 2511 番（代表）
　　　郵便番号 112-8700
　　　振替口座 00110-2-57035 番
　　　URL http://www.kyoritsu-pub.co.jp/

印刷　㈱加藤文明社
製本　協栄製本㈱

社団法人
自然科学書協会
会員

検印廃止
NDC 417
ISBN 978-4-320-11025-0

Printed in Japan

JCOPY ＜㈳出版者著作権管理機構委託出版物＞
本書の無断複写は著作権法上での例外を除き禁じられています．複写される場合は，そのつど事前に，㈳出版者著作権管理機構（電話 03-3513-6969，FAX 03-3513-6979，e-mail: info@jcopy.or.jp）の許諾を得てください．

Rで学ぶデータサイエンス

金 明哲［編集］／全20巻

本シリーズは「R」を用いたさまざまなデータ解析の理論と実践的手法を，読者の視点に立って「データを解析するときはどうするのか？」「その結果はどうなるか？」「結果からどのような情報が導き出されるのか？」を分かり易く解説。【各巻：B5判・並製】

1 カテゴリカルデータ解析
藤井良宜著　カテゴリカルデータの取り扱い／カテゴリカルデータの集計とグラフ表示／比率に関する分析／2元分割表の解析他 192頁・定価3465円

2 多次元データ解析法
中村永友著　統計学の基礎／Rの基礎／線形回帰モデル／判別分析／ロジスティック回帰モデル／主成分分析法他‥‥‥‥‥264頁・定価3675円

3 ベイズ統計データ解析
姜 興起著　Rによるファイルの操作とデータの視覚化／ベイズ統計解析の基礎／線形回帰モデルに関するベイズ推測他‥‥‥248頁・定価3675円

4 ブートストラップ入門
汪 金芳・桜井裕仁著　Rによるデータ解析の基礎／ブートストラップ法の概説／推定量の精度のブートストラップ推定他‥‥‥248頁・定価3675円

5 パターン認識
金森敬文・竹之内高志・村田 昇著　判別能力の評価／k-平均法／階層的クラスタリング／混合正規分布モデル／判別分析他‥‥288頁・定価3885円

6 マシンラーニング
辻谷將明・竹澤邦夫著　序論／重回帰／ノンパラトリック回帰／Fisherの判別分析／一般化加法モデル(GAM)による判別他‥‥244頁・定価3675円

7 地理空間データ分析
谷村 晋著　地理空間データ／地理空間データの可視化／地理空間分布パターン／ネットワーク分析／地理空間相関分析他‥‥‥258頁・定価3885円

8 ネットワーク分析
鈴木 努著　ネットワークデータの入力／最短距離／ネットワーク構造の諸指標／中心性／ネットワーク構造の分析他‥‥‥‥192頁・定価3465円

9 樹木構造接近法
下川敏雄・杉本知之・後藤昌司著　序：樹木構造接近法の系譜／分類回帰樹木法（Rパッケージ：rpart, party, partykit）他‥‥‥‥‥続　刊

10 一般化線形モデル
粕谷英一著　一般化線形モデルとその構成要素／最尤法と一般化線形モデル／離散的データと過分散／擬似尤度／交互作用他‥‥224頁・定価3675円

11 デジタル画像処理
勝木健雄・蓬来祐一郎著　デジタル画像の基礎／幾何学的変換／色，明るさ，コントラスト／空間フィルタ／周波数フィルタ他 258頁・定価3885円

12 統計データの視覚化
山本義郎・飯塚誠也・藤野友和著　Rでの基本的なグラフの作成／グラフの装飾と組み合わせ／インタラクティブグラフ他‥‥‥‥続　刊

13 マーケティング・モデル
里村卓也著　マーケティング・モデルとは／R入門／確率・統計とマーケティング・モデル／市場反応の分析と普及の予測他‥180頁・定価3465円

14 計量政治分析
飯田 健著　統計的推論：政党支持におけるジェンダーギャップ／最小二乗法による回帰分析：政府のパフォーマンスの決定要因他‥‥‥続　刊

15 経済データ分析
野田英雄・姜 興起・金 明哲著　統計学の基礎／国民経済計算／Rに基本操作／時系列データ分析／産業連関分析／回帰分析他‥‥‥‥続　刊

16 金融時系列
中川 満著　初歩のR／線形時系列モデル／ヴォラティリティモデル／極値分布とValue at Risk／多変量時系列モデル他‥‥‥‥‥続　刊

17 社会調査データ解析
鄭 躍軍・金 明哲著　R言語の基礎／社会調査データの特徴／標本抽出の基本方法／社会調査データの構造／調査データの加工 288頁・定価3885円

18 生物資源解析
北門利英著　確率的現象の記述法／統計的推測の基礎／生物学的パラメータの統計的推定／生物学的パラメータの統計的検定他‥‥続　刊

19 経営と信用リスクのデータ科学
董 彦文著　経営分析の概要／経営実態の把握方法／経営指標の予測／経営指標間の因果関係分析／企業・部門の差異評価他‥‥‥‥続　刊

20 シミュレーションで理解する回帰分析
竹澤邦夫著　線形代数／分布と検定／単回帰／重回帰／赤池の情報量基準と第3の分散／ノンパラメトリック回帰／線形混合モデル他‥‥‥続　刊

http://www.kyoritsu-pub.co.jp/　　共立出版　　定価税込（価格は変更される場合がございます）